［英］尼尔·伯顿（Neel Burton） 著

温兰芳 译

情绪的哲学起源

Heaven and Hell

The Psychology of the Emotions

华龄出版社

HUALING PRESS

Title: Heaven and Hell: The Psychology of the Emotions
By: Neel Burton
Copyright © 2022 by Neel Burton
This edition of Heaven and Hell: The Psychology of the Emotionsis published by
arrangement with Neel Burton.
Simplified Chinese edition copyright © 2023 by Beijing Jie Teng Culture Media Co., Ltd.
All rights reserved. Unauthorized duplication or distribution of this work constitutes
copyright infringement.

北京市版权局著作权合同登记号 图字：01-2023-3067号

图书在版编目（CIP）数据

情绪的哲学起源 / (英) 尼尔·伯顿著; 温兰芳译
. -- 北京: 华龄出版社, 2023.7
　　ISBN 978-7-5169-2572-0

　　Ⅰ. ①情… Ⅱ. ①尼… ②温… Ⅲ. ①情绪—通俗
读物 Ⅳ. ① B842.6-49

中国国家版本馆 CIP 数据核字 (2023) 第 119244 号

策划编辑	颉腾文化		
责任编辑	鲁秀敏	**责任印制**	李未圻
书　名	情绪的哲学起源		
作　者	［英］尼尔·伯顿（Neel Burton）	译　者	温兰芳
出　版发　行	**华龄出版社**　HUALING PRESS		
社　址	北京市东城区安定门外大街甲57号	邮　编	100011
发　行	（010）58122255	传　真	（010）84049572
承　印	涿州市京南印刷厂		
版　次	2023 年 8 月第 1 版	印　次	2023 年 8 月第 1 次印刷
规　格	889mm×1194mm	开　本	1/32
印　张	6	字　数	110 千字
书　号	978-7-5169-2572-0		
定　价	59.00 元		

心灵是个自主的地方，一念起，天堂变地狱；一念灭，地狱变天堂。

——弥尔顿《失乐园》

推荐序

我们究竟应该如何与情绪相处？

唐文　氢原子CEO

在给企业做培训时，我经常会问一个问题，哪一种情绪最容易与销售产生关联，以至于这种情绪常被滥用？

不少富有经验的学员说出了正确答案——焦虑。

我追问了一个问题，为什么这种情绪不是"恐惧"呢？恐惧的刺激强度可要比焦虑强烈多了！

这个追问常常立即让学员陷入沉思，然后大家都脑洞大开，从多个维度给出了解释。我个人最喜欢的一种解释是，虽然恐惧的刺激强度要比焦虑强烈很多，但我们遇到恐惧对象的概率太小，而焦虑的对象大概率会出现，所以焦虑更容易推动人们的日常选择和其他行为，比如购物。

用实际的例子来解释一下。我们看恐怖片，比如鬼片的时候，经常会被吓得死去活来，这种刺激是不是相当强烈？但你见过用恐怖气氛来推动人们购物的行为吗？可以说相当少。尽管恐怖片很刺激，但是我们非常清楚，在现实中我们是不会遇到鬼的，我们不需要为了防备鬼而买什么商品。简单地讲，恐惧的对象常常和我们自身的相关度不高。

但是，如果例子变成了一个看似很健康的人，因为有一些很常见的不良习惯，日积月累竟然得了绝症。这就会引发我们的焦虑，虽然焦虑的刺激强度远不如恐惧，但它可能推动我们去购买商家所谓能解决焦虑问题而推荐的商品或者服务。因为大多数人或多或少都会有些不良习惯，随着岁月的流逝遇到健康问题是个大概率的事件。焦虑的对象和我们的相关度更高，因此关于焦虑的营销会被滥用。

我们每个人都有情绪，我们似乎都很熟知各种情绪，但其实大多数人缺乏对情绪的哲学反思，被时代洪流裹挟其中而不自知，这本《情绪的哲学起源》，其实就是要推动我们走出狭隘的个人体验，从社会生存的更大语境中，反思情绪对生存来说究竟意味着什么，我们究竟应该如何与情绪相处。

我曾经研究过某电商平台图书销售总榜，浏览了总榜排名前 50 名畅销书的用户评论。让我惊讶的是，除开童书和工具书，其他畅销书的用户评论折射出一个关键词，也是一种重要的情绪——孤独。

所以《百年孤独》，仅仅是这个书名就给了我们很大的冲击。

细品下去，你会发现在不同的生存状态中，孤独的含义又有很大的不同。比如在日本的语境中，典型代表是《人间失格》一书中的"生而为人，我很抱歉"。这种孤独最终导向了绝望，走向了终结。但在中国的语境中，典型代表是《活着》，主人公是一个纨绔子弟，陆续失去了家产、亲人，失去了所有生活外在的牵挂，但内心那一丝很微弱的"活着"的信念始终不灭，这是一种坚韧的孤独。

恰如这本《情绪的哲学起源》所言："孤独成了我们期待的人生意义与现实世界缺乏意义之间矛盾的体现。"我们无法避免孤独，但我们可以选择我们面对孤独的态度，因此"怀揣坚定目标和找到人生意义的人，或是具有强烈个性的人，无论置身哪种处境，都不会感到孤独"。

细数人的各种情绪，你会有一个惊人的发现——人的负面情绪的种类，比正面情绪的种类多得多。这是因为人类在漫长的进化过程中，负面情绪更有助于我们逃避伤害。显然，看到老虎就会感到恐惧，然后拔腿就跑的原始人，他们的基因会比那些看到老虎而兴高采烈的原始人更容易遗传下来。

在 21 世纪的今天，在高度发达的文明社会里，我们遇到的危险可能远远少于原始社会。但我们的原始脑还没有反应过来，它仍然以各种负面情绪，或者不那么正面的情绪来填满我们的生活，比如空虚、无聊、孤独、贪婪、嫉妒等。

消费主义比绝大多数人更快地发现了这个秘密，它很快围绕这些负面情绪做成了各种生意，比如我们每天都在刷短视频来打发我们的无聊，在各种购物节的狂热和煽情的直播中享受购物的快乐。尽管这些快乐只有短暂的时间，稍后买来的许多商品我们可能都用不上一两次，但这丝毫不影响我们下一次又乐在其中，因为我们的原始脑遗留下来的负面情绪始终没变。

所以这本《情绪的哲学起源》就如一杯醇美的咖啡，激发我们重新看待情绪这种常见感受的新意义。如果我们真想自由地选择我们的生活，我们就要重新审视我们的情绪，无论是正面情绪还是负面情绪，都要放到一个更广阔的视野中去审视它们和我们生存的意义的关联性，而不是被消费主义牵着鼻子走。

前言

现代社会，随着宗教和传统社会结构的衰微，情感越来越多地主导我们的生活，尽管它还有些适应不良。一直以来人们都说，人是情感动物，今时今日，情况尤其如此。是情感，而非理性或传统，决定了我们的职业、伴侣及政治选择，决定了我们与金钱、性及宗教的关系。没什么能比情感更令我们充满活力或人情味，也没什么比它更能伤害到我们。令人吃惊的是，中小学、大学乃至社会长期忽略了情感教育，以至于数百万人的人生被耽误。

本书核心内容精选自杂志《今日心理学》（*Psychology Today*）的系列文章。引言部分内容相对紧凑且极具学术性，部分读者可能会觉得无趣而跳过，直接阅读第一章。针对全书 26 章，建议你按顺序阅读，开始或许有些枯燥，到后面你就会越读越入迷。当然，你也可以按照自己的意愿，从任意一章或完全不按章的顺序读起，因为此书各章内容都是独立的。

正如我在引言部分所解释的那样，情感与人的性格、心绪、欲望、见解及信念紧密相关。为此，我对"情感"下的定义相当宽松，并在书中涵盖了诸如欲望、抱负及笑此类主题的章节。不过，书中并没有关于恐惧和悲伤（或焦虑和抑郁）主题的章节，因为我已经在"心灵平和丛书系列"的第一本书《疯狂的意义》（*The Meaning of Madness*）中针对这些主题展开了深入讨论。

我希望读者朋友喜欢阅读这本书，正如我享受创作的过程一样，希望它对你的帮助与对我的帮助同样大。

控制情绪就是控制自己，控制自己就是控制命运。

目录

引言　　　　　　　　　　001

1. 无聊　　　　　　　　019

2. 孤独　　　　　　　　028

3. 懒惰　　　　　　　　036

4. 尴尬、羞耻和内疚　　042

5. 傲慢　　　　　　　　047

6. 势利　　　　　　　　053

7. 羞辱　　　　　　　　058

8. 谦卑　　　　　　　　064

9. 感恩　　　　　　　　071

10. 嫉妒　　　　　　　077

11. 贪婪　　　　　　　083

12. 欲望　　　　　　　088

13. 希望　　　　　　　097

14. 怀旧　　　　　　　104

15. 抱负　　　　　　　112

16. 愤怒　　　　　　　118

17. 忍耐　　　　　　　123

18. 信任　　　　　　　129

19. 宽恕　　　　　　　136

20. 共情　　　　　　　144

21. 爱　　　　　　　　149

22. 亲吻　　　　　　　153

23. 笑　　　　　　　　158

24. 自尊　　　　　　　162

25. 惊奇　　　　　　　167

26. 出神　　　　　　　172

后记　　　　　　　　176

引言

　　什么是情感？目前并没有一个确切的答案。"情感"是一个相对新的术语，以至在某些语言中尚不存在类似的表述。过往，人们用"passion"（激情）这个词，而非"emotion"来表示情感。"passion"不仅包括情感，还包括乐趣、痛苦及欲望。"passion"与"passivity"（被动）一样，源自拉丁语"patere"，意思是忍受。"passive passion"（被动的情感）通常被认为是不受我们控制的情感，今时今日，这个词被用来形容一种强烈、激烈的感受或欲望，尤其是指爱情或情欲。同时，它也保留了更狭义的中世纪时期的含义，诸如形容耶稣被钉在十字架上受难，以及圣徒殉道。被动的概念被保留在词语"emotion"中。该词源自拉丁语"emovere"，意思是"搬离、移开及煽动"。遭受一种情感，正如我们所说的，就是被影响、被困扰及被折磨。

　　许多思想家反对发自本能的情感，推崇冷静和理性。一些权威学派，诸如斯多葛派（Stoics）及斯宾诺莎（Spinoza）哲学，甚至推崇禁欲，即压抑感受、情感及对外界的关心。不幸的是，这种历史上推崇的理性与其说是压抑感受，还不如说是完全忽视感受。今时今日，情感被无视，以至大多数人不知道推动他们向前、阻碍他们前进以及让他们误入歧途的背后情感因子是什么。

~

如果我说"我很感激"，我可以指以下三种情境中的任意一种：（1）我正为某事心存感激；（2）我通常会对那种事心生感激；（3）我是一个懂得感恩的人。类似地，如果我说"我很自豪"，也可以包括以下三种情境：（1）我正为某事感到自豪；（2）我通常会对那种事感到自豪；（3）我是一个自豪的人。姑且让我们把第一种情境（正为某事感到自豪）称为一种具体的情感体验，把第二种情境（通常会对那种事感到自豪）称为一种情感或感情，把第三种情境（是一个自豪的人）称为一种性格特征。

这三种情境很容易被混淆，尤其是第一种和第二种。情感体验是短暂的、偶发性的，而情感则可能是（也可能不是）源于持续累积的情感体验，它可以持续多年，并触发一系列具体的情感体验以及想法、信念、欲望与行动。例如，爱情不仅能够带来爱的感受，还能带来喜悦、悲伤、愤怒、渴望及嫉妒等情感体验。

类似地，情感和感受也很容易被混淆。情感体验是一种有意识的体验，它必然是一种感受，正如饥饿或疼痛这类生理感受一样（虽然并非所有有意识性的体验都属于感受，正如"相信"或"看见"就不属于感受，或许是因为缺乏躯体或身体方面的载体）。

相反，情感在某种意义上来说，则是潜在的，虽然它也能通过其引发的相关想法、信念、欲望及行动而被感知，但严格来说，它只能通过其引发的情感体验而被感知。尽管情感有各种表现形式，但它本身并不一定是有意识性的，有些情感，例如憎恨自己的母亲或觊觎自己的同性朋友，就算在经过数年的心理治疗后，也只是被揭穿，而得不到当事人的承认。

如果某种情感处于无意识状态，通常是因为被压抑了，或是因为一些其他形式的自我欺骗。当然，自我欺骗也可以发生在某种情感体验的层面，这通常表现为歪曲情感体验的种类或强度，又或是将情感的对象和原因错误归因。这样一来，嫉妒通常会被曲解为愤怒，而幸灾乐祸（为他人的不幸而窃喜）则被误认为同情。对黑暗或鬼魂的恐惧则基本上是出于对死亡的恐惧，因为接受死亡的人是不会惧怕这些东西的。

此外，可以说，即便是最纯粹的情感，其本质也是带有自我欺骗性的，因为它将我们的自身经验附加在某件或某些事情上，从而忽视了其他事情。在这方面，情感并非客观或中立的感知，而只是代表反映了我们个人需求和关注点的主观看问题的方式。

~

谈论完情感、情感体验及感受的区别，我应该谈谈个性了。个性是一种性格，或是一种性格缺陷，如冷漠无情。个性涉及某些情感及情感体验。个性也包括某些特定的想法、信念、欲望及行动，这些因素反过来也会塑造个性。

个性通常以其所主导的情感来命名，并划分为美德和恶行，例如谦虚、感恩被定为美德，而贪婪则被定为恶行。尽管如此，一些传统美德并不涉及任何一种主导的情感，而是指对情感的掌控，例如勇气、谨慎及克制。

人的性格特征和品格特征也有区分。性格特征是天生的，很难完全改变，而品格特征则更开放，可塑性更强。"character"这个英文单词源于希腊语charaktêr，指的是刻在硬币上的标记，由于品格特征能发展成稳定的特质，它还会在我们的身体上刻下印记。正如可可·香奈儿（Coco Chanel）的名言："在你20岁时，你拥有一张大自然给你的脸庞；30岁时，岁月和生命会再次塑造你的容颜；50岁时，你会得到一张你应得的脸。"（《香奈儿：硬气是我的底色》，译者：紫惠）

正如行为可以推断个性，个性也可以决定行为。不过，在决定行为方面，情境因素当然也扮演着重要角色。在诠释别人的行为时，我们倾向归因于人为因素而非情境因素，进而形成一种偏见，称作归因偏差（correspondence bias），而当解释自身行为时，我们就会归因于情境因素而非人为因素。举个例子，如果查理没有割草坪，我就会指责他健忘、懒惰或出于恶意，但当我自己没有割草坪，我就会以忙碌、疲倦或天气不佳的理由为自己开脱。

虽然我们会快速地把别人的行为归因为个性使然，但却往往先入为主，执迷于外在表象，这就是为什么第一印象如此重要。不过，即便一种个性得到正确的判断，它也会输给情境因素的力量，当然，也会与其他个性特征"较劲"。

将情感与心绪、欲望、感知、信念区分开来也是很有意义的，情感是"有意图的"，因为它指向特定的对象或对象类别，通常指某个人、某样东西、某种行动以及某件事或事情的状态。不过，虽然情感是指向性的，但对象可以是不存在的，例如，恐惧恶魔或喜爱独角兽是完全有可能的。

相反，某种心绪如烦躁、抑郁等，则更显得"发散"，并不会指向某种特定对象。不过，它与情感的差别也并非一成不变，心绪能聚结为情感，情感也能幻化成心绪。事实上，可以说心绪是被动的，且或多或少是某种特定情感的即时表露。不像个性，心绪的这种被动性，能够成为我们为自身行为开脱的借口："对不起，我发火了，最近我有点烦躁。"

正如情感，心绪无法自我感知，除非通过其触发的情感体验来发现。因此，心绪跟情感一样，也可能是无意识的，我们需要通过别人的告知才能察觉。

正如信念以真理为目标，情感则以价值为目标，信念指向真理，情感指向价值，但情感也像信念一样，追求公正客观，即以现实为依据。不过，信念至少在理论上是以客观现实为依据，而情感则更多地以主观现实为基础，也就是人对主体的重要性或价值的主观反映。

另外，欲望则旨在改变现实，以把愿景变为现实。因此，情感和信念遵循"以思想为出发点，揭露现实世界"这一模式，而欲望则遵循"以现实世界为出发点，实现心中所想"这一模式，情感旨在反映现实，欲望则旨在改变现实。

情感看上去是包括欲望的。例如，如果我对约翰生气，是因为我期望他对我多一份尊重；如果我害怕狮子，是因为我不希望自己死。情感也会触发欲望。例如，当我对约翰生气时，我就想惩罚他；当我害怕狮子时，我就想从狮口逃生。但第一种欲望（情感包含的欲望）与第二种欲望（情感触发的欲望）是有区别的，第一种欲望更抽象、更普遍及更潜在，更类似于性情，而不是纯粹的欲望。

欲望也不一定来源于情感，它有许多表现形式和种类，包括愿望、动力、冲动、心血来潮、强迫、渴望、渴求、思慕。确切地说，愿望是不太可能得到满足的欲望，例如，"我希望拥有六块腹肌"。动力是源自身体的一种欲望，例如性冲动。冲动是一种急切的欲望。心血来潮是与某种特定行为紧密相关的欲望，是突发的、无意识的。强迫是一种难以抵挡的冲动，正如强迫症。渴望是强烈的、持续的欲望，尤其是针对难以获得的事物。渴求是由于肉体的痛苦而滋生的渴望。思慕是伴随柔情和伤心而来的渴望。

那么感知又是怎样的呢？像情感一样，感知旨在反映现实，但与情感不同的是，感知与感觉形态及其作用的器官紧密相关。它们局限于此时此地，局限于我们身边的事物，以及（至少在表面上）在其所涉及的物质对象及其物理特质范围内是显而易见的。情感，相反，是有心理效价的（积极、消极或二者兼具），并且能以多种心理状态为依据，让它们能够涉及过去（回忆）、将来或假想情境（想象），或完全与时间无关（幻想）。感知与信念相连，并且像信念一样，旨在反映客观现实，而情感旨在反映主观现实，即非现实本身，而是我们与现实的关系。

信念是被认为正确的观念。信念是被认定的，而不是感受出来的，正如我可以相信有些事情是可怕的，但我并不惧怕它。更重要的是，信念有对错之分，而情感无论有多么不合理，都不容易被质疑。"感受"通常用来指"觉得"或"相信"，正如"我觉得达夫纳在欺骗我"这句话。情感和信念的关系如此密切，导致两者经常被混淆。正如信念能够引发情感，情感也能引发信念，并且为其提供物质载体和持久动力。这就是为什么古希腊哲学家亚里士多德（Aristotle）的《修辞学》（Rhetoric）的劝说艺术涉及对情感的详细研究，也是为什么政治宣传或广告会更多地聚焦感受而非事实。

重要的是，情感是将信念转化成行动的催化剂。人类之所以比机器更擅长做决策，是与我们的情感有关的。情感会帮助我们找出所有相关的特定考量因素，并且帮助我们在所有的事实和选项中，有意识地聚焦最重要的部分。情感也会激励我们，当人们因为脑损伤、严重抑郁症或其他精神障碍，导致情感能力减弱时，他们会发现自己难以做决策，就更别提将它们付诸实践了。

所以，虽然情感与个性、心绪、欲望、感知和信念紧密相关，但其并不等同于这些事物中的任何一类，这表明它们各自形成了独立、自然的类型。

不过，情感的类型是多种多样的。例如，它们可以是非道德的或道德的，非自反的或自反的（涉及自我，例如尴尬或内疚）；可以是一级或二级的（涉及另一种情感，如为自己的恐惧感到羞耻）。它们也可以是积极的、消极的，或者二者兼具，正如怀旧情感和具有争议性的愤怒情感。唯一一种看上去不符合常规的情感是惊喜，它可以是积极的、消极的，或是二者兼具的，当然，每种惊喜情感只能体现这三种特质的其中一种。

基于其愉快或不愉快的性质，情感可以是积极的，或消极的。积极的情感是对那些在进化的历史进程中，支持和认可我们的事物的回应；而消极的情感是对那些损害我们的事物的回应。由此可预示我们的情感也许并不能完全适应现代生活方式。特别值得一提的是,情感是偏向关注眼前利益的,这就导致长期的愉快或满足出现双曲贴现(hyperbolic discounting)[1],简单而言,就是长期的愉快或满足受控于我们及时行乐的想法。在古老往昔,这种关注眼前的观念能够提高我们生存与繁殖的机会,但涉及延长寿命、食物保障等方面,它却会成为一种阻碍。消极情感尽管本身是消极的,但如果其对象仅仅是一个虚拟的事物,也能让人感到愉快。这就是为什么人们很舍得花钱去看恐怖电影、坐过山车,以及对性虐恋(sadomasochism)保持沉默。在《不论好坏》(*For Better For Worse*)一书中,我对此话题展开了更详尽的讨论。

某些情感如感激或谦虚,明显比其他情感更加复杂、细微,因此,婴儿和动物通常被认为不具备这些情感。最"基本"或"原始"的情感的提出,最早至少要追溯到中国典章制度书籍《礼记》。《礼记·礼运》中,记载了人的"七情":喜、怒、哀、惧、爱、恶、欲。在 20 世纪,美国心理学家保罗·艾克曼(Paul Ekman)将人的基本情感分为六种:愤怒、厌恶、恐惧、快乐、悲伤和惊讶。此外,心理学家罗伯特·普拉奇克(Robert Plutchik)则提出 8 种情感元素,并且将其划分为 4 组双向的情感:喜悦和悲

---

① 双曲贴现,行为经济学术语,指的是人们评估未来的收益时,倾向于在近期使用更低的折现率,在远期使用更高的折现率。泛指人们面对同样的问题,相较于延迟的选项更愿意选择当下的选项。

伤、愤怒和恐惧、信任和厌恶、惊喜和期待。

基本情感被认为是我们的远古祖先在面对环境挑战时进化而来的，这些情感如此原始，以至它们被"植入"大脑，每种情感在各自专属的神经元回路（neuronal circuit）上运作。由于"根植"于大脑，基本情感（有时又被称作"情感程序"）是本能的、自动的、快速的及条件反射性的，并且能够触发很强的生存本能行为。

有一次，我到毛里求斯的某个热带岛屿度假，其间某日，我在拉开餐具抽屉时，猛然发现里面有一只大蜥蜴，这是我从未预料过的，谁会想到在刀叉堆里遇见这种生物呢。正当这个家伙"嗖"地一下钻进抽屉后面的黑暗角落时，我也随即下意识地往后弹跳，并"砰"地一声飞速关上抽屉。这时，我突然发觉自己全身发热，整个人也警觉起来，并准备伺机而动。这种基本的恐惧反应是如此原始，甚至连蜥蜴似乎也不例外。这种反应又是如此自动，以至于是毫无认知的，也就是说是无意识、不受控的，更接近于条件反射，而非蓄意行为。

心理学上有这样一个假设：基本情感可以作为基石，复杂的情感是基本情感的混合体。例如，蔑视可能是结合了愤怒和厌恶的一种情感。1980 年，普拉奇克（Plutchik）提出情感轮理论。普拉奇克情感轮包括 8 种基本情感和 8 种衍生情感，每种衍生情感又由 2 种基本情感组成（见图0-1）。然而，许多复杂的情感却无法解构为更多基本的情感元素，以及该理论并未解释为什么婴儿和动物不具备（或看上去不具备）复杂的情感。

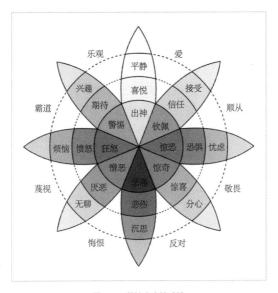

图0-1 普拉奇克情感轮

相反，复杂的情感可能是基本情感与认知的结合体，某些结合体如果足够普遍或重要，就会被命名。因此，挫折可能是气愤与"无能为力"这种想法或信念的结合体。但话说回来，也有许多复杂的情感经不起这种推敲。再说，基本情感本身也可以是源自相当复杂的认知，例如，汤姆意识到自己在一场重要考试中睡着了，或者他认为自己在考试中睡着了，而陷入恐慌之中。

尽管情感被比作"程序"，它们的潜在对象似乎还是会受到文化背景的影响。例如，如果可怜的汤姆害怕错过考试，难道不是主要因为他所处的文化环境强调学业成就这种价值观而造成的吗？

至于更复杂的情感，则是情感本身（而非其潜在对象）由文化塑造和构建而来。幸灾乐祸这种情感并非自古以来就普遍存在。事实上浪漫爱情也是如此，它看起来是从小说中诞生的。在法国文豪福楼拜（Gustave Flaubert）的著作《包法利夫人》（*Madame Bovary*，1856）中，作者告诉我们，书中的主角爱玛·包法利（Emma Bovary）是从"老旧图书馆的垃圾杂物中"找到浪漫爱情的。

他继续表示：

> 书上无非是恋爱、情男、情女、在冷清的亭子晕倒的落难命妇、站站遇害的驿夫、页页倒毙的马匹、阴暗的森林、心乱、立誓、呜咽、眼泪与吻、月下小艇、林中夜莺，公子勇敢如狮，温柔如羔羊，人品无双，永远衣冠楚楚，哭起来泪如泉涌。（《包法利夫人》第一部，译者：李健吾）

文化对情感的影响也延伸到情感的表达上，有些情感的表达就好像方言一样本土化。另外，基本情感表现出来的面部表情，如愤怒和害怕，却很少受文化影响，而是共通的、公认的。实际上，这种共通性甚至延伸到某些动物如犬类，因此在各种动物中，我们能够跟狗狗产生更多的共鸣。

这只小狗处于哪种情感状态呢？也许涵盖了关注、好奇、惊喜、困惑、关心……
但只要亲吻一下它的鼻子，就没有什么是解决不了的。

情感的表达是各式各样的，包括微笑、皱眉、大笑、哭泣、恸哭、倒退、跳起来、扶额、捂脸、昂首、亲吻、抚摸、跳舞……即便是与情感表达没有什么关系的动作也会传递出情感，例如关门（轻轻地关或"砰"地关上），或从大衣口袋里掏出一支笔。

有些情感的表达（如果不是大多数的话）带有功能目的，例如龇牙咧嘴或紧握拳头意味着恐吓或准备攻击。此外，所有的情感表达都是代表情感的符号，甚至代表对他人的评价，从而在进化中形成一种远远先于语言的交流系统。情感的表达在代表某种情感或评价时，旨在启发他人产生相同的或相反的情感，通常包括钦佩、同情、好奇、娱乐、害怕、内疚或羞耻。

所有这些都预示其他人能够识别我们的情感表达。我们诠释情感表达的能力是自动的、直接的，即便是涉及自身从未体验或只体验过部分的情感也是如此。我们能够识别情感表达的这种能力，是基于其他人与我们拥有类似的心理特征这个前提的。这就是为什么我们与来自不同文化背景、不同年代及社会阶层的人打交道时会表现得很拘谨。由于基本情感的表达是共通的，因此只在涉及更复杂的情感时才需要这种谨慎，而这种复杂的情感我们能够凭直觉就能领会，无须经过任何思考。

虽然情感的表达方式多样，但所有的情感都与某种特定的感受特征相关。例如，害怕会导致一系列生理反应，包括心率提高、肌张力增高、出汗、汗毛竖立（起鸡皮疙瘩）等。更别说还有害怕的表现形式，如身体僵直、无法动弹、睁大眼睛和鼻孔放大。

美国心理学家和哲学家威廉·詹姆斯（William James，卒于1910年）认为，若失去身体的表达反应，情感将会成为一种"冷淡、中立的理智感知"。根据威廉·詹姆斯的理论，情感无非就是这些身体反应的体验。因此，用他的话说："我们感到抱歉是因为我们哭泣，感到愤怒是因为我们做出攻击行为，感到害怕是因为我们身体颤抖；而非反过来，因抱歉而哭泣，因愤怒而攻击，因害怕而颤抖。"

遗憾的是，这似乎是本末倒置了。人不是因为颤抖而感到害怕，相反，是因为感到害怕才颤抖。这里颤抖不是害怕的原因，而是它的一个身体反应。即便有足够多的独特的身体反应来代表每一种细微的情感，我们也无法弄清楚是否每种情感都需要身体的反应，或者反过来，身体的反应（例如运动或生病）需要产生一种情感。例如高位脊髓损伤患者的情感不会减少，而身体注入了肾上腺素的试验对象也会根据情境和场合来做出不同的身体反应。

不过，詹姆斯－朗格情绪学说（James-Lange theory）[①]在某种程度上是正确的。情感性眼泪（而非条件反射性眼泪，如切洋葱时流的眼泪）具有一定的社交功能，如强调情感的深度和诚挚，并且让我们在身处险境或需要帮助时，吸引他人的关注、同情及获得支持。同时，情感性眼泪也具备重要的心理功能，让我们意识到自身正面临着事关重大的特定问题或情形，需要我们付出时间和精力去关注它，或至少要去处理它，并且在适当时，以更正确的态度和更清晰的视角来展现它。情感性眼泪作为强烈情感的象征，标志着我们人生中至关重要的时刻，从分享初吻，到为痛失伴侣而悲伤。我们的眼泪向我们揭示了真实的自我，而正是这样做，让我们更懂得爱自己。这也是为什么我们要关注自己的眼泪，而不是隐藏它。

[①]　美国心理学家威廉·詹姆斯（William James）和丹麦生理学家卡尔·朗格（Carl Lange）于1884年和1885年提出了内容相同的一种情绪理论，他们强调情绪是植物性神经系统活动的产物。后人称他们的理论为情绪的外周理论，即詹姆斯－朗格情绪学说。

～

　　情感能够包括，也确实包括身体的反应、认知、欲望等，但正如我所展示的，情感并不等同于这些情感元素的任何一种，无论是单独的一种，还是它们的复合体。

　　相反，情感是对某种或某类事物所感受到的态度或立场，这种感受性的（或至少可感受的）态度是自动的、无意识的。如果它符合主体和对象之间的关系，就可以说它是客观公正和恰当的，这本身就是情境和价值观的一种功能。例如，如果我对朋友的一点小过错就大发雷霆，只有从他最近的背叛、我对友谊的理解，以及我对我与他之间友谊的重视程度等方面来衡量，才容易被人理解。

　　正如情感是对客观事物的价值的反映，性格也是对某种价值观的价值的反映。许多人的性格，如果不是大多数的话，要么就是天生的，要么就是文化决定的，但也有些是自我决定的，就好像是完全由意志力决定的。

　　情感能让我们了解评价立场，因为它的名称就是对评价立场的简述。不过，有时连为某种情感或情感体验命名都有难度，更别提完全理解它了。第一，除了已经命名的情感，还有太多没有称呼的情感。第二，各种情感经常交织在一起，或被其他心理状态支配，例如，害怕经常受欲望或逃避的冲动支配，并且是后知后觉的。第三，某些情感会令人不适，以至于人们不愿意去细想，何况越去想它，还会导致打开装满更多负面情感的"闸门"。

情感不仅能反映和揭示我们的价值观，还能让我们去塑造、适应和完善它们。我们可以基于某种情感产生另一种情感，也可以通过二级情感或一系列情感去修正或强化一级情感。类似地，某些情感能够清晰、明显地被感知，而另一些情感则更加模糊或模棱两可。例如，我们对真理、公义和美好的热爱是深沉而虔诚的，而对于煽动者的崇拜则是虚空的，并会让我们感到不安。

如果我们的价值观被扭曲了，情感也会跟着被扭曲，从而导致我们在感知和行动上违背自身的最大利益或长远利益。事实上，扭曲的情感或情感体验能够轻易搅乱一个人大半生的最佳人生规划。正是基于此，情感被称作是"非理性的"，但是当然，糟糕的思维比糟糕的感受更不靠谱。思维和感受紧密相连，以至我们可能会用感受去验证自己的思维，同时在一定程度上，用思维去验证感受。这种检验功能构成了我的基本政治原则：无论是左翼还是右翼的政治团体，只要是以爱和团结驱动的，就是对的，或是有机会变好的；如果是以憎恨和害怕驱动的，则必定是错误的。凭感受来做出价值评判，真的就是这么简单。

上面我们讲过人类比机器更擅长做决策，并且情感能力减弱的人在做决策方面很困难，更别说执行决策了。在思维和感受的角力中，感受占领上风，是更好的"舞者"。在这方面，苏格兰哲学家大卫·休谟（David Hume，卒于 1776 年）有句格言："理性是，且应当只是情感的奴隶。"糟糕的感受劫持了思维，让它自我欺骗：隐藏丑陋的真相，逃避责任，躲避行动。正如存在主义所批评的：逃避自由。因此，糟糕的感受是一种道德上的失败，还是最恶劣的一种。而美德主要在于修正和完善我们的情感以及其所反映的价值观。要感受正确的事情，就是去想、去做正确的事，而不需要经过有意识的思考或做出任何的努力。

反过来，重复正义行动也会带来正义的感受，"逻辑之父"亚里士多德表示，对大多数人而言，正义的感受或美德，不是理性省思的产物，而是实践和习惯的结果。

如果雄辩本身能够使人变优秀，那它们也确实应该如 6 世纪的墨伽拉诗人特奥格尼斯（Theognis）所说的那样："大受赞誉，而这种赞誉是应得的。"但现实情况是，虽然它们看上去能够激励年轻人修炼博大胸怀，培养贵族气质，追求高尚，成为德行之人，但无法鼓励绝大多数人成为高尚和正义的人。

随后亚里士多德在其于公元前 340 年左右创作的伦理学著作《尼各马可伦理学》（Nicomachean Ethics）中指出，雄辩与教学只能对那些本性良好，或本身具备良好习惯的灵魂起作用，而好习惯是准则的产物。于是，他写出了下一本书《政治学》（Politics），但在这里我们不做细叙。

1. 无聊

boredom

　　"boredom"（无聊）一词最早刊登于 1829 年 8 月 8 日出版的 *The Albion* 刊物，而后在英国批判现实主义小说家查尔斯·狄更斯（Charles Dickens）1853 年的小说《荒凉山庄》（*Bleak House*）中被实际运用。著名人本主义哲学家艾瑞克·弗洛姆（Erich Fromm）等则认为无聊是工业化、劳动模式转变、传统价值观意义被破坏而形成的情感。不过，某些形式的无聊似乎是人类的通性。在古罗马庞贝古城（Pompeii）遗址的墙壁上，就刻着关于无聊话题的涂鸦，这些涂鸦是公元 1 世纪用拉丁文写上去的，上面写着：

　　墙啊！我很好奇，你在承受了涂鸦者的所有无聊情绪后，竟然还没有倒下去！

希腊哲学家普鲁塔克（Plutarch）在他公元前 100 年左右的著作《传记集》（*Parallel Lives*）中告诉读者，伊庇鲁斯王国国王皮洛士二世（Pyrrhus）（皮洛士二世率兵于公元前 280 年和前 279 年险胜罗马人，该战况亦称作"皮洛士式的胜利"①。）觉得和平年代的生活简直"乏味到令人作呕"：

此时，命运赋予他权利，让他任意地享用自己拥有的一切、和平地生活和统治着他的子民。但他认为，如果他不能对别人搞恶作剧或不被别人整蛊一下，日子就简直乏味到令人作呕，正如希腊神话英雄阿喀琉斯（Achilles）无法忍受赋闲无事一样，引用古希腊诗人荷马（Homer）的话："吞噬了他的心"/"留在那里，向往战场的厮杀声和战斗"。

在 13 世纪，欧洲中世纪经院派哲学家和神学家托马斯·阿奎那（Thomas Aquinas）记录了出现在僧侣群体中的一种精神痛苦，称作"淡漠忧郁症"（acedia②），症状为情感淡漠、无精打采、懒惰、走神等类似抑郁症的表

---

① 皮洛士式的胜利（Pyrrhic victory），或惨胜，是一则西方谚语，原指皮洛士率兵至意大利与罗马军队交战，最终付出惨重代价打败罗马军队，由此即以"皮洛士式的胜利"一词来借喻以惨重代价而取得的胜利。

② "acedia"一词来源于希腊语"akēdeia"，原意为丧失生趣，曾用于形容古代基督教僧侣懈怠、麻木、沮丧、懒惰等消极的精神状态。公元 4 世纪的修士埃瓦格里乌斯（Evagrius）在《修道》（*Praktikos*）中将其列为八宗原罪之一。现意译为"绝望、懒惰、懈怠"。

现。阿奎那认为这种"世界的悲哀"与精神的喜悦是对立的，而忧郁症这种"正午恶魔"①，被认为是激发其他所有恶魔的罪恶之源。

~

什么是真正的无聊？无聊是一种由于欲望被唤醒后得不到满足，而产生的深度不悦的精神状态。我们本该是精力充沛而非萎靡不振的，但有时基于某个或某些原因，我们被唤醒的欲望无法被满足或被转移到别处。这些原因可能是内在因素，如缺乏想象力、动机或专注力，或是外部因素，如缺乏环境的刺激或缺乏机会。我们想做一些令人愉快的事情，但发现自己无能为力，更糟糕的是，这种无力感不断增强，让我们更加受挫。

意识是引发无聊情感的关键，这也能解释为什么动物不会那么容易被无聊困扰，假如它们也会无聊的话。用英国作家柯林·威尔逊（Colin Wilson）的话说："大多数动物不喜欢无聊，只有人类才会被无聊折磨。"

无论是人或动物，缺乏掌控感或自由都是引发或加剧无聊情感的原因，这就是为什么儿童和青少年普遍容易产生无聊情感。他们除了要被人监护着，还缺乏能够减轻他

①　"正午恶魔"代指抑郁症。埃瓦格里乌斯在《圣经·诗篇》第91篇中形容 acedia 为"正午恶魔"。在他的描述中，这个恶魔在正午会袭击修道院里的修士，像最强烈的太阳一样令人难以忍受，令修道士意志消沉、精神萎靡、无心修行。

们无聊情感的心理条件 —— 资源、经验和纪律。

　　让我们来进一步解析无聊的原因。为什么当航班一再地延迟登机时，坐在候机厅的我们会陷入极度无聊之中？因为我们的意识处于高度觉醒状态，期待着尽快到达新鲜的环境。确实，候机厅周围有各种杂志和商店可供消遣，但此时我们的心思根本不在此，何况这些东西分散了我们的注意力，只会让我们倍觉无聊。更糟糕的是，情况根本不受控及无法预测（飞机可能进一步延迟，甚至被取消），而我们除了被动等待别无他法。当我们频繁地盯着航班显示屏时，我们也越来越痛苦地意识到这些糟糕的情况。除了看杂志和逛商店，我们还能买各种酒品来麻醉大脑，以排解无聊。可问题是，我们不能喝醉，甚至不能打瞌睡，否则就可能错过航班。因此，我们被"困在候机厅"，精神处于一种既无法掌控，又无法逃脱的高度觉醒状态。

候机期间会让人感到无聊。

如果我们是真正需要赶航班，也许是为了生计或为了至爱，那么相比要么待在家里，要么去旅行这种情况，我们在候机期间就不会感到那么无聊（虽然会觉得更加焦虑和恼怒）。因此，无聊是与感知到的需求或必要性，以及个人的（情感）投资相对应的。例如，我们会在一位陌生的远房亲戚的葬礼上感到无聊，却不会在父母或兄弟姐妹的葬礼上感到无聊。

到目前为止，无聊似乎也还好，但它为什么会令人感到如此不愉快？

著名哲学家叔本华（Arthur Schopenhauer）认为，如果生活本身是有意义、充实的，就不会有无聊这种东西。这也许可以解释为什么早期的基督教认为人之所以会无聊是因为不肯接受上帝的恩赐及其创造。无聊，于是就成为生存本身毫无意义的证据，并滋生一些令人非常不适的想法或感受。正常情况下，人们会通过各种慌乱的表现或相反的想法或感受来避免这种不适感。这也是躁狂防御（Manic Defence）的本质，即保持精神亢奋、进行有目的的活动、全能掌控，或是陷入完全的麻木状态来阻挡无助和绝望的感受进入意识。

在法国作家阿尔贝·加缪（Albert Camus）的作品《堕落》（*The Fall*）中，主人公克莱门斯（Clamence）这样向一名陌生人讲述：

我认识一名男子，他把20年的时光给了一个蠢女人，他为她付出所有，包括他的友谊、工作及光鲜体面的生活。有一天晚上，他却承认自己从未爱过她，而他之所以这样做，只是出于无聊，仅此而已，就好像大多数人一样。因此，他要给自己的生活制造麻烦，让人生如戏剧一样曲折复杂。人生必须要有波澜，这是大多数人的人生信条；必须要有事情发生，哪怕是给自己不爱的人当奴隶，哪怕是战争，甚至是死亡。

一个人长期处于无聊的状态时，会更易患上各种精神问题，如抑郁、暴饮暴食及酗酒。一项研究发现，在实验环境下，许多实验对象在无聊时宁愿选择令人不适的电击，只为转移他们的想法或失落感。

在现实世界里，我们开发了大量的资源来打发无聊。据统计，到2023年，全球娱乐和媒体市场的市值将达到2.6万亿美元。运动员、明星以及形形色色的名人享受着高到离谱的收入和地位。随着近些年科技的发展，无穷无尽的娱乐更是唾手可得，但这只会让情况变得更糟糕，在某种程度上，进一步把人们从现实世界中抽离出去。人们非但没有感到满足，反而变得更麻木冷漠，需要更多的刺激——如更多的战争、暴力。

好在无聊也有它的积极作用。它是一种警醒，暗示我们自己没有尽力把生活过好，并提醒我们应该做一些更愉快、更有用和更充实的事情。在这方面，无聊成为人们做出改变和前进的动力，能够激发斗志，引领人们走向康庄大道。

即便是极少数感到心满意足的人，也很有必要保持适度的无聊，因为无聊能够提供一种先决条件，让我们更深入地探索自我，重新跟随大自然的节奏，以及开启并完成高度集中、持久及艰巨的工作。

英国哲学家伯特兰·罗素（Bertrand Russell，卒于1970年）在作品《幸福之路》（*The Conquest of Happiness*）中指出：

不能忍受无聊的一代人，将是平庸的一代人；是与大自然缓慢进程脱节的一代人；是如瓶中花枝一样，生命力渐渐枯萎的一代人。

1918年，罗素因为倡导和平主义，被判处于伦敦布里克斯顿监狱坐四个半月的牢，但他发现，监狱里简朴的环境很适合也很有利于创作。

我发现监狱在许多方面都非常令人惬意……我没有频繁的邀约、没有难下的决定、不用惧怕来访者、工作不会被中断。其间，我进行了大量的阅读，写了一本书《数理哲学引论》（*Introduction to Mathematical Philosophy*），然后又开始撰写《心的分析》（*The Analysis of Mind*）。有一次，当我正在阅读利顿·斯特莱切（Lytton Strachey）的《维多利亚名人传》（*Eminent Victorians*）时，我禁不住大笑，以至于监狱官走过来制止我，并告诉我，切记监狱是用来服刑的地方。

当然，并非每个人都是罗素，作为普通人，我们要如何对待无聊？

如果无聊确实如我们所说，是未被满足的觉醒意识，那么我们可以通过以下方式来最大程度地减缓无聊：避开一些我们无法掌控的事情、消除注意力干扰因素、自我激励、降低期望，以积极的心态看待事情（例如提醒自己我们其实很幸运），等等。

但与其和无聊展开"拉锯战"，还不如接纳它，这更容易，也更有成效。如果无聊是我们窥探现实本质乃至人类生活处境的窗户，那么与无聊对抗，无异于把窗帘关上了。没错，夜晚漆黑，星星却因而更加闪亮。因此，许多东方文化鼓励无聊，把它当成迈向更高层次的意识境界的通路。

分享一个我最喜欢的禅宗笑话：

一名学僧去寺庙问禅师，如果他进庙禅修的话，要多久才能开悟。

"10 年，"禅师说。

学僧又问："如果我加倍苦修的话，又要多久呢？"

禅师说："20 年。"

与其对抗无聊，不如顺从它，享受它的乐趣，并从中得到一些收获。总之，不要让自己那么无趣。叔本华说过，无聊是着迷的反面，因为二者都是取决于外在而非内在情景，并且可以互相转化。所以，下次你发现自己无聊时，就让自己完全沉浸到这个状态中，而不是我们惯常会做的，越退越远。

如果这样做看起来太难，就按越南禅宗大师释一行禅师（Thich Nhat Hanh）所主张的那样，当你遇到任何让你觉得无趣的事情时，就加上"冥想"这个词，例如，"在机场候机期间——冥想"。

用英国作家塞缪尔·约翰逊（Samuel Johnson）的话说：

正是因为研究小事情，我们才能获得让生活尽可能少痛苦、尽可能多幸福这样一种伟大的艺术。

2. 孤独

loneliness

　　我们通常把无聊归因于孤独，但一个人身边若全是乏味无趣的人，也会导致无聊，实际上，也就是孤独。

　　我把孤独定义为一种因孤立或缺乏陪伴而导致不愉快的情感反应。孤独带来的痛苦如此可怕，以至于由古至今，单独监禁都作为一种酷刑惩罚。孤独不仅带来痛苦，还具有伤害性。孤独的人倾向于暴饮暴食，懒于锻炼并失眠。他们更易罹患各种精神疾病，如抑郁症、精神错乱、成瘾等；同时，也更易患上各种生理疾病，如受感染、癌症及心血管疾病等。

　　孤独被描述为"社交痛苦"，正如生理性疼痛是身体受到伤害时，为防止进一步的伤害而发出的信号，孤独也是一个人与社会隔离的信号，它提醒我们要去建立社交关系。人本来就是社交动物，依赖自身的社交群体来寻求生存和保护，以及获得身份认同、话语权及生存意义。

自古以来，孤独意味着陷入迷失自我的极致危险的境地。

婴幼儿特别脆弱，需要依赖他人，孤独会把他们带回（或至少会唤起）他们早期对无助或被遗弃的恐惧。在往后的生活中，当我们经历了失恋、离婚、死别，或一段重要的长期关系突然破裂或遭到破坏时，孤独感都会突袭。更糟糕的是，当我们失去某个关系紧密的人时，还可能会脱离这个人的整个社交圈子。孤独感也会来自一些生活轨迹的转变，如转校、换工作、移民、结婚、生育；来自社会问题，如种族歧视和欺凌；来自害羞、社交恐惧、抑郁等心理状态。孤独感还会来自身体问题，如行动不便或需要特殊护理等。

～

孤独是一种典型的现代社会现象，一项美国研究显示，在 1985 年至 2004 年间，受访者中声称没有倾诉对象的人数比例几乎翻了 3 倍。1985 年，受访者多数拥有 3 位知心人，而到了 2004 年，受访者多数连一个知心人都没有。

虽然孤独影响着社会的各个群体，但它在老年人群体中最为普遍。根据英国乔·考克斯孤独委员会（Jo Cox Commission on Loneliness）2017 年的一份调查显示，英国 3/4 的老年人感到孤独。令人震惊的是，有 2/5 的受访者同意这一说法。"有时候一整天过去了，我都没有跟任何人说过话。"这种残酷事实背后的原因包括家庭规模越来越小、移民和自雇人士越来越多、沉迷媒体网络的人越来越多，以及人的寿命越来越长等。

聚焦生产力和消费能力的大型企业集团，以牺牲人们之间的交往，以及人的思考能力为代价，让人与人之间产生深深的疏离感。除了内在的孤立，长时间的通勤会削弱社群的凝聚力，让人们失去社交的时间和机会。网络似乎成了"伟大"的社交工具，能够提供给人所有的一切：资讯、知识、音乐、娱乐、购物、交友，甚至性。但随着时间的推移，它的弊病也暴露出来：激起嫉妒和分化，让人们不清楚自己的真正需求及重要事项，让人们对暴力与苦难变得麻木冷漠，以及通过构建一种虚假的联系，让人们宁愿牺牲与现实的联系，而去维持虚拟世界的肤浅关系。

人类在数千年的历史进程中，已经进化成所有生物中最具社会性，以及与同类最互相依存的物种。而突然间，他却发现自己是孤立的，而他并非置身于高山之巅、于人烟荒芜的沙漠、于渺茫海上的一叶孤舟上，而是置身于居住着数百万人的熙攘城市里，他身处人群之中，却又脱离了人群。

人们倾向于把孤独者归结为单身者，把孤独者与独居者混为一谈，又把独居者归结为单身者。然而，单身者不一定是独居者，独居者也不一定是孤独的。相反，在完全被伴侣、朋友和家人包围时，我们反而更有可能，也更经常感到极致的孤独。

美国加州大学（UC）教授 Bella DePaulo 基于大量的调查发现，总体上，相比已婚者，单身者实际上更善于社交，过着更自足、充实的生活，尽管他们也存在一些劣势，如要遭受某些社会偏见。

许多人选择单身，有些人甚至选择自我孤立，或者懒得去发展社交关系。这种"孤独者"（贬义称呼，暗示此人性格怪异及不合群）也许只是沉浸于丰富的个人精神世界里，或只是单纯不喜欢别人的陪伴或不信任别人，在他们看来，与别人产生羁绊弊大于利。

在莎士比亚的悲剧《雅典的泰门》（*Timon of Athens*）里，与柏拉图同时期的雅典贵族泰门生性豪爽，对奉承他的朋友慷慨好施，有求必应。在他的价值观里，友谊是不求回报的。但当他把财产都挥霍精光，变得倾家荡产、负债累累时，所有的朋友都抛弃了他。他只能沦为在田间艰苦劳作的农人。某日，泰门在挖土时，发现了一罐金子。那些老朋友得知后，一窝蜂似的全都回到他身边。但泰门并没有张开双臂欢迎他们，而是愤怒地咒骂他们，并用木棍和土块驱赶他们。他最后控诉了自己对人类的憎恨，并遁入森林。令他气恼的是，人们把他当成摇钱树一样去寻找他。

泰门在森林里会感到孤独吗？很大可能不会，因为他不觉得自己缺乏任何东西。由于他不再珍视他的朋友，以及他们的陪伴，他也不可能期盼或想念他们。不过，他内心可能还是会期许有更好的人出现，在这种情况下，他或多或少会感到有些孤独。与其说孤独是一种客观状态，不如说它是一种主观的心理状态，其强弱程度则视社交互动的期望值和成功值以及互动类型而定。当伴侣不在身边时，一个人就算有家人和朋友陪在身边，还是经常会感到孤独，而失恋者又比那些只是不在伴侣身边的人感到孤独得多。这预示着孤独不仅仅关乎互动量或频繁程度，也关乎互动的机会和可能性，正如新冠疫情封控期间的情况一样。

相反，当一段婚姻关系已经不再让我们充满活力，或不再能滋养我们，而是成为一种内耗和阻碍时，一个人在婚姻生活中感到孤独是很平常的事情。正如契诃夫（Chekov）的恋爱箴言："如果你害怕孤独，就不要结婚。"

然而，对许多人而言，婚姻是人们试图摆脱终身孤独，以及逃避宿命的众多尝试中的其中一种。

归根结底，孤独不是因缺乏什么而导致的体验，而是一种生活体验。它是构成人类生活不可或缺的一部分。除非一个人内心决绝，否则孤独感的出现只是时间问题，通常还带着"报复式"的突袭。

在这方面，孤独成了我们期待的人生意义与现实世界缺乏意义之间矛盾的体现。在传统和宗教结构的意义因为真理而被牺牲的现代社会，这种缺失感变得更为明显。

这就解释了为什么怀揣坚定目标和找到人生意义的人，或是具有强烈个性的人，无论置身哪种处境，都不会感到孤独，正如南非国父纳尔逊·曼德拉（Nelson Mandela）或是沙漠教父的著名领袖、隐修士之父圣安东尼（St. Anthony）一样。

圣安东尼（卒于公元 356 年）一心一意去寻找孤独，是因为他明白孤独能够让他更接近生活的本质和价值。他先在一个墓中独修了 15 年，又在埃及沙漠一个废弃军用城堡中隐修了 20 年。在这之后，他的信徒们劝说他退出独修，并求他指导和组织他们隐修。他也因此被誉为"隐修士之父"（Father of All Monks, monk 来自希腊语 monos，意思是单独的，独自的。）。信徒们破门而入后，发现圣安东尼并没有像众人预想的那样，变得羸弱和消瘦，而是看起来更加健康和容光焕发。圣安东尼活到 106 岁才逝世，在公元 4 世纪，这应该算是一个小奇迹了。

圣安东尼并非过着孤独的生活，而是独处的生活。孤独，是单独一个人的痛苦，具有伤害性；而独处，是单独一个人的喜悦，是充满力量的。

我们的潜意识需要通过独处来帮助我们处理和厘清大脑中的问题，因此，我们的身体每晚会通过睡眠来让潜意识达到独处的目的。独处通过帮助我们摆脱别人加之于我们身上的束缚、干扰和影响，让我们的身心灵得到解放，重新与自我建立联系，消化吸收新思想，并获取身份感和人生意义。

哲学家弗里德里希·尼采（Friedrich Nietzsche，卒于 1900 年）认为，没有独处能力或独处机会的人只是奴隶而已，因为他们毫无选择，只能盲目地附从文化与社会。相反，任何一个看清了社会本质的人，都会去寻求独处，因为这是获得真实价值观和抱负的来源与保证。

我选择独处，是为了不随波逐流。当我处于人群之中时，我像大多数人一样活着，我并不认为我会思考。一段时间过后，我感觉好像他们想要把我的自我从我身上驱走，想要抽走我的灵魂。

独处助我们摆脱无聊乏味的日常生活，修炼更高层次的思想境界，让我们与真正的人性、自然世界重新建立联系，从而更快地找到我们的灵感源泉和精神伴侣。通过抛弃附庸情绪和一味的妥协，我们摆脱束缚，解放自我，追求问题的解决、创造力与灵修。如果我们能够，并且愿意去拥抱独处，这将是我们修炼思想境界的一次绝好机会，它将会为我们寻求更伟大的独处提供力量和保障，并且最后提供避免独孤感的载体和精神支撑。

圣安东尼的人生给人的感觉是，虽然独处与依附是对立的，但只要彼此不敌对，独处与依附就可以共存。正如奥地利诗人 R. M. 里尔克（R. M. Rilke，卒于 1926 年）所说的，一段关系的最高境界不仅仅是宽容，更是守护彼此的孤独。

在英国心理学家安东尼·斯托尔 1988 年的作品《孤独：回归自我》（*Solitude: A Return to the Self*）中，他提出了有说服力的观点：

> 最幸福的生活，是那种既不只把人际关系，又不只把个人利益美化成唯一救赎方式的生活。对完整人生的期待和追求，必须包括人类本质的这两个层面。

即便如此，并非每个人都具备独处的能力，对很多人而言，独处除了带来更苦涩的孤独感，别无其他。年轻人通常很害怕独处，但年纪大一点的人会更愿意，或者说，没有那么抗拒独处。这就表明，独处，作为独自一人生活的快乐，是基于同时也能促进思想的成熟和内心的精神富足。

3. 懒惰

laziness

当我们有能力做要做的事，却因为要付出而不愿意去做，就说明我们在偷懒。偷懒的表现包括胡乱应付事情、专挑一些不费力或不枯燥的事来做，又或是无所事事。换句话说，如果我们保留余力的动机超过我们把事情做对、做到最好或符合预期（假设我们清楚预期是什么）的动机，就代表我们在偷懒。

懒惰（laziness）的近义词是懒散（indolence）以及怠惰（sloth）。"indolence" 这个词来源于拉丁语 "indolentia"，即 "没有痛苦"。"sloth" 则涉及了更多道德和精神层面的内涵。在基督教传统里，怠惰是七宗罪之一，因为它会招致恶行，以及削弱上帝对人类的安排。其他六宗罪包括迷色、暴食、贪婪、愤怒、忌妒、傲慢。本人可以很自豪地说，这本书涵盖了七宗罪的内容。

《圣经》强烈地抨击了怠惰，例如在《旧约：传道书》（*Ecclesiastes*）中就有这样的描述：

> 因人懒惰，房顶塌下。因人手懒，房屋滴漏。设摆筵席，是为喜笑。酒能使人快活，钱能叫万事应心。

今时今日，懒惰通常与贫穷和失败联系在一起，以致一个穷人就算很努力工作，也通常会被认定为懒惰者。

懒惰也许是根植于我们的基因里的，我们的游牧祖先为了争夺稀缺资源、逃避掠夺者及与敌人作战，就必须养精蓄锐。除了短期利益，他们在任何事情上花费心力都可能威胁到生存问题。总之，在那个没有银行、马路、冰箱等这些现代科技便利设施的古代，远见其实起不了什么作用。但如今，仅仅追求眼前的生存问题已不再适应时代的发展，长期的愿景和目标才能带来最好的成果。然而，我们身上依旧保留了祖先的囤积本能，这使得我们不喜欢回报遥遥无期又不确定的宏远目标。

即便如此，极少数人会选择一直懒惰下去，大多数所谓的"懒人"只是尚未找到想做的事情，或因为种种原因无法去执行。更糟糕的是，他们拿着可怜的工资，付出宝贵的时间，做的事情却变得如此抽象和琐碎，以至于他们不再能够认清工作的意义和成果。进一步说，不知道自己能创造什么社会价值。不像医生和建筑师，一家大型国际企业财务副总监的助理根本就不确定自己的职务能够带来什么具体成效或终端产品。既然如此，又何必费心费力呢？

其他导致懒惰的心理因素包括恐惧和无助。有些人害怕成功，或是骨子里自卑，认为自己不配享受成功的喜悦，而懒惰就成为他们自甘堕落的方式。莎士比亚在悲剧《安东尼与克莉奥佩特拉》（*Antony and Cleopatra*）中一针见血地传达了这一观点："命运知道，它越是残酷，我们越是瞧不起它。"还有一些人害怕的不是成功，而是失败。懒惰离失败很近，也更能令人接受，可以充当失败的借口。"不是我失败，"人们会安慰自己，"是因为我从未尝试。"

然而，有些人的"懒"，是因为他们深知自己的处境是如此绝望，以致连解决办法都想不到，更别提去执行了。由于这些人对他们的处境无能为力，可以说他们并非真正的懒惰，而这种情况或多或少可以用来指所有的"懒人"。懒惰的本质概念的前提是，一个人具备了选择不懒惰的能力，也就是说，假设了自由意志的存在。

人们通常会把懒惰与拖延（procrastination），尤其是与闲散（idleness）混淆，但有必要认清三者的区别。

拖延（"procrastinate"源自拉丁语，字面意思是"期望明天"）是指故意推延某项重要事务，转而先处理一些不那么费力、重要或紧急的事情。出于建设性或策略性目标的需要而推延一项事务，并不相当于拖延。真正的拖延意味着计划糟糕、低效，并且会让拖延者付出更高的成本。直到所有的税号都获得了才纳税是一回事，因为拖延纳税导致家庭度假计划泡汤或是遭受罚款则是另一回事。不像懒惰者，拖延者本身是打算完成任务的，并且最终也能够完成，尽管付出了更高的总成本。

闲散是指什么都不做。当我们无事可做，或更确切地说，想不出有什么事可做时，就会变得闲散。此外，如果我们确实有事要做，但因为懒而不去执行，或没有能力去执行，又或是已经把事情做完了，正在休养生息，我们也会处于闲散状态。

更甚者，我们有时选择闲散，是因为把闲散及其所创造的价值看得比正在做的任何事情都重要。这就很明显和懒惰不是一回事了。维多利亚女王最欣赏的首相墨尔本勋爵（Lord Melbourne）就宣扬"高超的偷懒术"（masterful inactivity）；通用电气的主席兼 CEO 杰克·韦尔奇（Jack Welch）每天会腾出一小时来发呆，用他的话说是"望窗户时间"；德国有机化学家奥古斯特·凯库勒（August Kekulé）声称自己是因为在白日梦中梦见一条蛇在咬它自己的尾巴，从而受到启发推导出苯的环状结构。深谙这种"策略性闲散"道术的专家们，利用他们的闲散时间观察生活、收集灵感、保持见解、避开八卦闲谈和琐事，减少低效和疲乏，从而保持健康和体能去解决真正重要的任务和难题。闲散可以是懒惰，也可以是一种最聪明的工作方式。

时间是一个非常奇怪的东西，它完全不是线性的，
有时最佳的利用方式，就是把它浪费掉。

闲散通常被美化，正如意大利语的表达"dolce far niente"（无所事事多美好啊）。我们告诉自己，为了过上闲散的生活，我们要努力工作。但事实上我们会发现，就算是短暂的空闲，也令人难以忍受。调查显示，我们会编造正当的理由让自己保持忙碌状态，并且在忙碌时会感到更快乐，即便是被迫忙碌。在遇到交通堵塞时，我们宁愿绕路，也不会停在原地等待，即便绕道需要花更长的时间。

这就产生了矛盾。我们喜欢懒惰，幻想着过上闲散的生活。同时，我们又总是想做点什么，总是需要转移注意力。那么如何解决这个矛盾？或许我们真正想要的是合适的工作，以及保持工作与生活之间的平衡。在理想世界里，我们根据自己而非他人的准则工作。我们工作不是因为不得不工作，而是想要工作，不是为金钱和地位，而是为了和平、公正和友爱（虽然这样说显得有些老套）。

另外，我们总是把闲散看得理所当然。多年来，社会致力于将我们培养成在它眼中的有用之人，却从未教过我们要怎么才能做到闲散，也几乎从未给过我们闲散的机会。然而，策略性的闲散又是一种难以实现的高深艺术——尤其是当我们走出你死我活的竞争的那一刻起，就已陷入恐慌状态。

闲散和无聊之间也有一些小差别。正如我们在第1章中讨论过的，无聊是生活意义缺失的证据，它会让人感到不适。人们通常通过慌乱的行为或相反的想法或感觉来逃避这种不适，这也是狂躁防御的本质。

作家奥斯卡·王尔德（Oscar Wilde）曾说过这样一句经典名言："世界上最难的事情，就是无所事事，这是最难，也是最有智慧的。"

如果我们都能腾出一年的时间来"望望窗外"，相信这个世界会变得更加美好。

4. 尴尬、羞耻和内疚

embarrassment, shame, and guilt

　　尴尬、羞耻和内疚都是自反性情感，也就是说，是关于自我的情感。虽然这三者有相同之处，但它们是不同的概念。让我们来逐个分析这三种情感。

　　尴尬是一种令人不适的情感，它通常会在以下两种情况下产生：（1）我们自身的某些方面被暴露，或面临着被暴露的风险；（2）我们认为这种暴露会损害自身树立起来的形象。尴尬的产生因素多种多样，主要因情况而定，尤其是我们所处的周遭环境。这些因素包括特定的想法、感受、性格；包括行为举止如放屁、骂人，以及身体状况如鼻子上长痘痘或是脚臭；包括经济状况如我们的车、房屋，以及家人如伴侣很愚钝、叔叔犯罪、姨妈作风不良诸如此类。尴尬的因素并不一定会贬低我们的自身形象，也可能是仅仅与我们的自身形象不相符而已。这也解释了为什么我们可能会为身份高贵的父母也可能会为自己的低学历而感到尴尬。

〜

尴尬是人们针对威胁自我形象的事物而产生的反应，不过在道德层面，它是中性的，而羞耻是针对受道德谴责的事情所产生的反应。如果令人羞耻的事情被公之于众，人们的羞耻感会加重。但与尴尬不同的是，就算是未公开或私密的想法和行为，也可能让人产生羞耻感。尴尬情感有时很强烈，但羞耻是一种更为负重的情感，因为它关乎我们的道德品质，而不仅仅是社会性格或形象。

羞耻感是源自人们发现自身行为与道德标准相悖，并且是当自己失德时而产生的情感。如果我们行为失德却不自知，我们就可能"被羞辱"或被提醒要有羞耻感，正如美剧《权力的游戏》（*Game of Thrones*）中失势的瑟曦太后（Cersei Lannister）被迫全裸游街就是一个极端的例子。如果被提醒后，我们依旧不在意，就会被认为是无耻之徒，或是没有羞耻感。心理学大师亚里士多德在他的《修辞学》中指出，当我们自身不具备同辈拥有的荣耀时，也会产生羞耻感，尤其是如果这种缺乏是出于我们本身的错误，因此，就会归结为我们的道德败坏。

最后，我们也可能被"卷入"羞耻的队伍，也就是说，因为其他人做了羞耻的事，我们会与其同样地感到羞耻，或为其感到羞耻，尤其当此人与我们关系密切时，例如我们的伴侣、兄弟姐妹或子女。因此，就算是无辜的人也能感受到羞耻，同样地，尴尬和其他一些情感也是如此。正如法国存在主义哲学大师让 - 保罗·萨特（Jean-Paul Sartre，卒于 1980 年）所言："他人即地狱。"

来，现在尝试一下表现羞耻感。"shame"一词源自原始印欧语系，意思是"遮掩"。羞耻感的肢体表情特征包括捂住眼眉、目光低垂及畏畏缩缩等。其他表现还包括身体发热、精神错乱或麻痹等。这些特征和表现意味着自责和忏悔，还能激发大家的怜悯和谅解。即便如此，我们也宁愿把羞耻感隐藏起来，因为羞耻感本身就令人感到很羞耻，或更确切地说，令人感到尴尬。

性格自卑或对自己比较苛刻的人更容易感到羞耻。在某些情况下，他们为了自卫防御，可能会指责或蔑视他人，而这通常是针对那些让他们感到羞耻的个人或群体。不过，这只会给他们带来更深的羞耻感，并且进一步贬损他们的自尊，从而导致恶性循环。而当他们，就好像那些政客们，完全失去羞耻感时，这种恶性循环才会被打破。

尽管过于强烈的羞耻感可能破坏性极强，但轻微到适度的羞耻感多数是一种积极的力量，激励我们活得更端正。

在哲学著作《生死之间：哲学家实践理念的故事》（*Dying for Ideas: The Dangerous Lives of the Philosophers*，2015 年）中，作者科斯提卡·布拉达坦（Costica

Bradatan）写道：

人们学习哲学的目的不是更多地了解世界，而是对自己的现状产生了深深的不满。就好像某天你突然痛苦地发现，你的生命中缺失了一些重要的东西，现实中的你与理想的你之间，横跨着一条深深的鸿沟。在不知不觉中，这种空虚感就开始吞噬你。你也许不清楚自己想要的究竟是什么，但你很清楚你不想要的是什么：维持现状。你可能甚至会感到很羞愧，都不敢承认自己在"活着"，因为你根本没有好好地活。苏格拉底一定基于这种缘由，才用"产婆术"（midwifery）①来形容他所做的事情。通过向身边的人证明哲学的严谨和缜密，苏格拉底把他们拉回到生活的正常轨道。羞耻与自我厌恶紧密相关，因此，或许哲学的出现是源自人类的羞耻感，而非好奇心。

羞耻关乎个人本身，而内疚是针对某种或某些行为，表现为责怪或自责。羞耻会说："我很坏。"内疚则会说：

---

① 产婆术（art of midwifery），又称精神助产术，古希腊哲学家苏格拉底关于寻求普遍知识的方法。通过双方的交谈，在问答过程中，不断揭示对方谈话中自相矛盾之处，从而逐步从个别的感性认识，上升到普遍的理性认识、定义、知识。

"我做了坏事。"再细一点来说，羞耻涉及不符合社会道德标准的行为，而内疚则涉及不符合自我道德标准的行为。因此，我们可能会对许多或多数同辈都能接受的行为感到内疚，例如穿名牌衣服、驾驶耗油的汽车或吃红肉等。

内疚和羞耻经常"成双结对"，这也是为什么二者经常会被混淆。例如，当我们伤害了某人，我们通常会为自己的行为感到难过（视为内疚），同时也会为自己感到难过（视为羞耻）。然而，羞耻和内疚是两种不同的情感。羞耻是"自我排斥的"（egodystonic），即与自我预判形象相悖，强烈的羞耻感可能会导致不健康的心理，特别是饮食障碍和性障碍，可以被理解为羞耻心作怪。而自恋，则可能是对羞耻的一种自我防御。相反，内疚则是"自我协调的"（egosyntonic），即与自我形象保持一致，当然除了一些极端的例子，例如莎士比亚的悲剧《麦克白》中，怂恿丈夫弑君的麦克白夫人（Lady Macbeth）的自杀。内疚与不健康的心理无关，甚至还会对心理功能起到正面作用。在相同环境下，高自尊的人更倾向于内疚而非羞耻，并且更有可能做出修正或补救行动。

5. 傲慢

pride

正如尴尬、羞耻及内疚情感一样，"傲慢"（Pride，亦译为"骄傲"或"自豪"）也是一种自反性情感，并深受社会文化规则和价值观的影响。历史上，傲慢既可以指恶行，又可以指美德。傲慢作为一种恶行时，意思与狂妄或虚荣接近。在古希腊，如果有人把自己凌驾于诸神之上，或亵渎、诋毁诸神，就会被指控为狂妄。许多希腊人相信狂妄会带来毁灭或报应。今时今日，狂妄主要是指人们对个人地位、能力或成就的自我吹嘘，尤其是伴随着傲慢或自大情感。由于狂妄脱离了真理，它会助长不公正、冲突与敌对。

虚荣的意思与狂妄接近，也是指一种自我膨胀的情感，但专指从别人视角中所感受到的我们。虚荣源自拉丁语"vanitas"，意指"虚空""虚假"及"愚蠢"。在《传道书》（*Ecclesiastes*）中，拉丁语短语"vanitas vanitatum omnia vanitas"通常解作"虚空的虚空,凡事都是虚空"。这里的虚空,不是指空幻的傲慢,而是指世俗财物、人们所在意的,乃至人类生活本身的短暂和徒劳。在艺术领域,"vanitas"是指一种叫"虚空派"的绘画风格。画作主要象征死亡主题,元素通常是骷髅骨、枯萎的花朵及燃烧的蜡烛等,旨在通过思考生命的短暂和无常,来开拓我们对生命本质的见解。

许多宗教和精神信仰传统将傲慢、狂妄、虚荣看作自我崇拜。在基督教传统中,傲慢是七宗罪之一。不仅如此,它还是最不可饶恕的原罪,因为基督教堕落天使路西法(Lucifer,拉丁语,光之使者)就是出于傲慢才从天堂坠落。傲慢也是上帝最憎恨的罪行,因为它滋生了其他所有的罪行,蒙蔽了真理和理性。

与希腊传统一样,傲慢会导致报应,正如《圣经》里所说的:"傲慢在败坏以先,狂心在跌倒之前。"在艺术上,傲慢代表死亡,或者以希腊神话中因自恋而化为水仙花的美男子纳西索斯(Narcissus)、孔雀或者对镜梳妆的裸体女子为表现形式。

~

作为一种美德时,傲慢是积极的情感。用詹姆斯·鲍威尔(James M. Powell)的著作《布雷西亚的阿尔伯塔努斯:13世纪初的幸福追寻》(*Albertanus of Brescia:*

The Pursuit of Happiness irl the Early Thirteenth Century）中的话说，就是个人对自身优点的热爱。通俗而言，积极的傲慢是对自身形象获得肯定的满足和确信。这种肯定或直接，或间接来自他人，例如，来自我们的子女、学生或社会圈子（民族自豪、黑人自豪等）。

如果积极的傲慢对应的是"对自身优点的热爱"，那么消极的傲慢对应的就是羞耻。正如我们在第4章中所讨论的，单词"shame"源自原始印欧语系，意思是"遮掩"。羞耻感的肢体表情特征包括捂住眼眉、目光低垂及畏畏缩缩等，而积极的傲慢的肢体表情特征则是昂首挺胸、气势十足的，如双臂举起或双手置臀、下巴挺起、面露微笑等，这也代表着身份地位和财富。有趣的是，傲慢的姿态在不同的文化群体，甚至在先天失明的群体中都得到了体现，这意味着它是本能的，而不是后天习得或模仿而来的。

傲慢本身作为催生自豪感的一种源动力，能带来更多提升自豪感的行动。它也与自尊、自立、生产力、创造力及利他主义等相关。

因此，一方面，傲慢是最盲目和最不可饶恕的原罪；另一方面，它又是美德的载体。

我认为傲慢事实上分两种：适当的傲慢，以及虚假的或自大的傲慢。

如何解释虚假的傲慢？倾向于虚假傲慢的人缺乏自尊，他们要借助傲慢来说服自身及他人：本人是值得尊重和崇拜的。

即便他们看起来装腔作势，但这种伎俩也是奏效的，至少目前看上去如此。

~

在适当的傲慢这方面，亚里士多德提出了深刻的洞见，也就是他所说的"大度"（megalopsuchia）或是"伟大的灵魂"。

在他的伦理学著作《尼各马可伦理学》（*Nicomachean Ethics*）中，亚里士多德告诉我们，当人们配得上伟大的事物，并且他们也这样认为时，就会感到自豪。"当某人自视配得上伟大的事物，并且名副其实时，那么他就会被认为是自豪的。因为自视过高的人很愚蠢，但没有一位有德行者是愚蠢的。"

如果人们只配得上渺小的事物，并且自认为如此时，他们就不是自豪而是节制的："当一个人只配得上渺小的事物，并且自视渺小时，他就被认为是节制的，不是自豪的。因为自豪预示着伟大，正如美丽预示着身材端正，侏儒虽然身材比例匀称，但不能用美丽来形容。"

相反，如果人们自视过高，就不会被认为是自豪的，而是自大或虚荣。如果人们看低自己，就会被认为是懦弱的表现。

狂妄自大和懦弱被认为是恶行，与之相反，自豪和节制与真理相符，因此被认为是美德。

早在基督教出现之前就开始写作的亚里士多德，对于傲慢的诠释，其观点可谓迎合了基督教和现代情感观，并且发人深省。

他解释道，自豪者渴望得到公正的赏罚，尤其是荣誉："美德的奖励和至高无上的外物。"他们乐于接受来自好人的真诚赞誉，但完全蔑视那些敷衍、讨好自己的小人，以及微不足道的荣誉。因为配得上更多的人是更优秀的，所以适度傲慢的人是优秀的，并且由于他们很优秀，他们同时也是很稀有的。自豪是美德的皇冠，它基于美德，又让美德发扬光大。

亚里士多德认识到，自豪者容易藐视他人。不过如果他们是经过正确思考的话，也无可厚非。只是，多数情况下，他们都是随性子的（或者，在我看来，是出于自我需求）。自豪者可能会对伟人和好人表现出不屑，但他们却总是在普通人面前表现得很谦逊。"因为要超越伟人很难，但要超越普通人却很简单，在伟人面前展现高姿态并不意味着没修养，但在普通人面前这样就好像是向弱者炫耀自己的力量一样粗俗。"

此外，自豪者不会在意普通的荣誉，或是他人的所长。除非伟大的荣誉或工作面临威胁，否则他们就无动于衷；此外，他们对小成就不上心，对伟大的、显著的成就却很看重。

针对傲慢，亚里士多德的叙述随后从描述性转到立规范：

自豪者必须是爱憎分明的（因为隐藏自身感受是懦夫的表现，例如过于看重别人的想法，而不注重真理）。他们的言行也应该是光明正大的，因为他们有铮铮傲骨，敢于表达；除了反讽粗鄙之人，否则他们都习惯讲真话。

从亚里士多德对"大度"以及对适当的傲慢的描述，我们可以找出两种代表傲慢的原型人群：第一，历代以来的贵族；第二，哲学先贤。

6. 势利

snobbery

英国情景喜剧《维护面子》(*Keeping Up Appearances*)的主角海辛丝·巴凯特(Hyacinth Bucket)是一个爱攀比的势利眼。她坚持将自己的名字"Bucket"(桶)的发音读成"Bouquet"(花束)。为了炫耀自己雇有佣人,她每次拿起自己最爱的珍珠白电话接听电话时,都会这样讲:"这里是 Bouquet 住宅,我是房子的女主人。"中产阶级女子海辛丝费尽心力在外人面前装出一副贵妇模样,并嫌弃所有过得不如自己的人。势利主题贯穿了这部有五季的英式情景喜剧,成为简单又奏效的故事"配方"。

有时,"snob"(势利小人)这个单词被认为是来源于拉丁语"sine nobilitate"(译成英文是"without nobility",即没有贵族风范)。"snob"是由"sine nobilitate"这两个单词的缩写"s"和"nob"合并而来,该词首先出现在剑桥大学校园和客轮名单等场合，用来区分有头衔和没有头衔的人。事实上，"snob"这个词在18世纪末就已经有记录，专指制鞋匠或其学徒，不过剑桥大学的学生确实把该词传播到大学外面去了。19世纪初，"snob"这个词开始用来指"缺乏教养的人"，随后，随着社会结构变得更加流动，它又指"自私的攀附者"（a social climber）。

现今，势利者是指具有以下三种特征的人：

- 以钱财、社会地位、美貌或学历等这些表面特质来评判一个人的价值，认为拥有这些特质的人更有价值。
- 过度宣扬自己具备这些身份特质。
- 贬低不具备这些身份特质的人。

因此，势利主要体现在三个方面：夸大某些特质的重要性，宣称自己拥有这些特质，以及诋毁那些不具备这些特质的人。"我不是一个势利眼，"英国杜兰杜兰乐队（Duran Duran）主唱兼作词人西蒙·邦（Simon Le Bon）曾经这样开玩笑地说，"不信问问所有人，额，所有重要的人。"

无论我们的品位有多高贵或多有格调，势利也不仅仅关乎察言观色。一个享受好酒，甚至对好酒的坚持到了近乎偏执程度的红酒"势利眼"，就像我一样，在别人眼里可能是也可能不是真正的势利眼，这取决于别人的偏见程度

（拉丁语"praeiudicium"，译为英语"prior judgment"，意指"预判"）。一些侍酒师沉浸在酒的世界里，很容易过分看重红酒专业知识，以至于他们甚至会瞧不起那些"不懂酒"的老顾客，这种现象被认为是"侍酒师综合征"（sommelier syndrome）。

势利心态除了会给别人造成不愉快外，还会给势利者本人的声誉、成就以及其所代表的利益群体和机构带来负面影响。例如，英国保守党议员雅各布·里斯－莫格（Jacob Rees-Mogg）曾将没有上过公立（私立）或牛津、剑桥大学的人比作"盆栽植物"，结果给他本人及其所在的政党和英国议会带来不好的影响。

势利暴露了一个人的僵化思维，甚至是糟糕的判断能力，正如那些英国贵族一样，他们虽然接受过上等教育，却崇拜起希特勒的独裁统治。这种思维，姑且当它是一种思维，不仅僵化，而且扭曲。势利者根据肤浅的标准如出身、职业或者口音（特别是在英国）来将人分成三六九等。基于这些偏见，他们采取对上谄媚，对下蔑视，攀上踩下的处事方式。正如一名红酒迷如果只看重牌子，其往往会无视酒本身的真正价值、品质及是否醇正。如果作为伴侣，此人一定是极度无趣、庸俗之人，生活也会过得越来越枯燥，因为除了关注自身，其无法对任何事情产生兴趣。相信你能体会这种感觉。

与势利关系紧密，并且呈现出一些相同弊病的，叫作

"反势利"（inverse snobbery）。凡是势利者趋之若鹜的，反势利者都一律藐视，并且他们或真心或假意地表现出对流行的、大众的或平凡的事物的崇拜之意——其目的并非仅仅想赢得一场选举而已。在很大程度上，反势利可以被理解为人们面对他人标榜社会地位时的自我防御。一个人有可能既是势利者，又是反势利者，而这种情况普遍存在。

但是势利本身又是怎样的呢？正如反势利一样，势利可以理解为缺乏社会安全感的一种象征。社会安全感的缺失，可能是源于早年经历，尤其是因为自身与众不同而导致的羞耻感，或是早年具有特权或优越感，后来却失去了这种特权或优越感，又或是源于快速的社会变革。例如，英国脱欧以及特朗普当选美国总统后，那些原有的文化精英阶层的影响力被削弱，导致社会各界势利和反势利情绪急升。

类似地，势利可能是代表某些人对大众日益主张平等的社会诉求的防御反应，而这源于人类根深蒂固的本能，即认定某些人就是高人一等，这些人更加适合统治，以及他们的统治会带来更好的结果。当然，不一定是势利者才有这种本能。在这种情况下，势利可以充当阶级监督与统治的机制。令人啼笑皆非的是，反势利也有这种巩固现存社会等级制度的作用。

在极端情况下，势利可能是自恋型人格障碍或是其他更多心理疾病的表现。与之对应的情感是同理心（empathy），包括对势利者的同理心。

用英国作家休·金斯米尔（Hugh Kingsmill，卒于1949年）的话说，势利"渴望将人进行分化，以及看不见团结和凝聚力的价值"。

理性只是情感的奴隶，利用同理心来减轻势利心，在本人看来，是利用更好的感受，去激发更好的思维的极佳例子。

7. 羞辱

humiliation

尴尬、羞耻、内疚及羞辱都预示着价值观体系的存在。

羞耻和内疚主要是面向自我评价而产生的情感，而尴尬和羞辱主要是面向他人评价而产生的情感，即便这种评价是未表露出来的，或是想象中的。

尴尬与羞辱的其中一个显著区别是，尴尬是我们自己带给自己的，而羞辱是别人加之于我们身上的。

举个例子，学生维尔（Will）很尴尬地向老师吐露自己没有完成功课。随后老师当着全班同学的面公布了这件事，这让维尔感到更尴尬。老师还命令他面壁思过，引发全班同学哄堂大笑，这让维尔感到受了羞辱。如果老师能够悄悄地给维尔的作业评个"F"（不及格）等级，他就不会有被羞辱的感觉，而只是有被冒犯的感觉。被冒犯主要是认知上的感觉，是一个人的遭遇与自身信念和价值观发生冲突而产生的，而羞辱则更多出自本能，是自发性的。

"humiliation"这个单词来源于拉丁语"humus"，意指"泥土"或"污泥"。羞辱包括个人尊严和声誉被贬低，以及地位和声望的丧失。我们每个人都打造了自己的"身份声明"（status claims），无论多普通都可以，正如"我是能胜任工作的医生""我是一个已婚的幸福妈妈"，或甚至是"我是人类"。当我们只是感到尴尬时，身份声明不会受损，即便受损，也会很快恢复。但当受到羞辱时，我们的身份声明就难以恢复，因为这种情况下，我们建立身份声明的威信已经被质疑。当人们被羞辱时，通常会震惊到哑口无言，甚至是失语。当批评别人，尤其是比较自卑的人时，我们要注意不要攻击他们建立身份声明的威信。

总之，羞辱是让一个人的身份声明在公众面前坍塌。如果纯粹是私下的身份坍塌，并不算受到羞辱，而是痛苦的自我意识。对受辱对象而言，受辱经历最好永远被保密。遭受暗恋对象拒绝可能会令人痛苦，但不会让人感到受辱。相反，被配偶背叛，并且这件事被公之于众，那么对大多数人而言，都是一种极大的羞辱。要注意的是，羞辱并不一定伴随着羞耻。内心强大，且勇敢守护信念的人在受到羞辱时，极少会感到羞耻。

直至今日，羞辱依旧是用来惩罚、虐待及镇压人们的惯用手段。而人们对羞辱的畏惧，也确实对违法犯罪行为形成了强大的威慑力。历史上，人类发明了许多羞辱罪犯的惩罚手段。英国使用颈手枷（pillory）刑罚的记录，最早要追溯到 1830 年，而脚手枷（stocks）刑则要追溯到 1872 年。颈手枷和脚手枷是将受罚者固定在有孔的木架上，让他们感受到身体的极度不适，并且因有辱人格的姿势而感到无地自容。施刑者还会把他们放到闹市中，鼓励围观群众任意嘲弄与折磨他们。在欧洲封建时期，还有一种叫"焦油与羽毛"（tarring and feathering）的私刑很流行，这种私刑是将煮熔的沥青混合羽毛淋在受罚者的身上，之所以加上羽毛，目的是让它粘在身上封闭毛孔，让受罚者痛苦挣扎一番才毙命。在施加这种私刑后，受罚者还会被放在马车上或木架车上游街示众。

巴黎，1944年。被指控与纳粹分子勾结的妇女被迫赤脚游行，
她们被剃光了头发，脸上还被烙上纳粹党党徽的标志图案。

传统社会的"羞辱仪式"（ritual humiliation）可以作为巩固某种特定社会秩序的手段，或者如"欺辱仪式"（hazing rituals）一样，是为了强调团体优先于团体的个人成员。为了防止青壮年对长老们的男权统治威望造成威胁，许多部落社会设立了复杂的成人礼。这些成人礼有时包括残忍血腥的割礼，这当然是去掉男性雄风的象征。

在等级森严的社会，上层阶级的精英们竭尽全力制定各种规则，以保护和维持他们的荣誉与地位，而下层阶级的人民只能屈从于上层精英的压迫和贬低。随着人们对公平社会的呼声越来越高，这种制度化的羞辱也越来越激起民众的憎恨与对抗，并且还会引发暴力冲突，甚至革命的爆发。

由于统治阶级的精英们高高在上地生活，并且代表着老百姓和社会文化，他们受到羞辱时会显得更为悲惨，还会成为象征性事件。在公元 260 年初，古罗马皇帝瓦莱里安（Valerian）在"埃德萨之战"（Battle of Edessa）中战败后，与战争对手——萨珊波斯的国王沙普尔一世（Shapur I the Great，即波斯君主，万王之王）举行休战谈判。谁知沙普尔一世背弃了休战协议，俘虏了瓦莱里安，并让他下半生做自己的贴身奴仆。根据一些记录，沙普尔在上马时，瓦莱里安必须趴在地上，当沙普尔的脚蹬。

～

羞辱不一定都带有攻击性和强迫性，人们还很容易遭受被动的羞辱。例如，被无视、忽略、误解或被剥夺某种权利或优待。此外，还有被拒绝、抛弃、虐待、背叛或被人当成利用工具等，也会给人带来受辱感。

德国古典哲学创始人伊曼努尔·康德（Immanuel Kant，卒于 1804 年）曾发表过这样的著名言论：由于人类拥有自由意志，人不是充当实现某种目的的手段和工具，人自身才是终极目的。从道德维度来讲，人享有人格尊严以及得到尊重的权利。羞辱别人，就是不以人为本，也就是否定了他们的人性。

羞辱可能随时"砸"到任何人身上，尤其是在社交媒体发达的今时今日。曾于 2010—2012 年期间担任英国能源与气候变化大臣的克里斯·休恩（Chris Huhne），一直被捧为英国自由民主党的未来领袖，但在 2012 年 2 月，他被控于 2003 年的一次超速驾驶罚单中妨碍司法公正。事因他的前妻为了报复其先前的不轨行为，爆出他的丑闻，称休恩强迫自己代为接受罚分。随后，休恩辞去内阁职务但否认指控。然而，在 2013 年 2 月的审判庭上，休恩出人意料地认罪，随后辞去议会议员职务，并离开枢密院。在一连串戏剧性的事件后，休恩从内阁的位子上跌落，转而锒铛入狱。

休恩先生"跌落神坛"的每个起伏转折的过程都被媒体全程记录，甚至他与当时 18 岁儿子的私密对话也被曝光，父子俩撕破脸的新闻瞬间传遍网络。早在 2007 年一场自由民主党领导竞选活动的视频演讲中，休恩就声称：

"关系，尤其是家人之间的关系，是让人感到幸福和富足的最重要因素。"这对于休恩而言，无疑是彻底的羞辱。

～

当被羞辱时，我们几乎会感到万念俱灰。接下来的数月，甚至数年，我们都会被屈辱的阴影笼罩，无法走出来，并且对羞辱我们的人，甚至是假想敌耿耿于怀。我们会时常发怒，会想要复仇、施虐、犯罪，甚至会想发动恐怖袭击，等等。

我们也可能把心理创伤内化，从而引发恐惧、焦虑、闪回（创伤性回忆）、噩梦、失眠、疑神疑鬼、自我孤立、冷漠、抑郁以及自杀倾向等状况。严重的羞辱，甚至比死亡还可怕，因为它摧毁的是我们的身份和生命，而死亡只是夺走了我们的生命。基于此，遭受了严重羞辱的囚犯通常会被采取"自杀监视"措施。

羞辱的本质就是削弱受害者反抗羞辱者的能力。在任何情况下，对于羞辱，愤怒、暴力和报复都无济于事，因为它们无法逆转和修补对受害者所造成的伤害。被羞辱的受害者必须自己找到战胜羞辱的力量和自尊，或者，如果实在太难的话，他们就会放弃自己现有的生活模式，期盼重新开始新的生活。

我发现，在这一章节中，我无意识地选择了"受害者"这个词来形容被羞辱的对象。这意味着羞辱几乎从不是一种公义的行为。

8. 谦卑

humility

　　我们的社会鼓励人们专注自己的利益，并为权势和财富喝彩。经济利益不是基于谦卑而是基于傲慢和狂妄自大。如果称某人或某事为"卑微"，通常意味着此人或此事很平凡，令人鄙视，或是毫无价值可言。

　　要认识"humility"，首先要区分"humility"（谦卑）和"modesty"（谦逊）。正如"humiliation"一样，"humility"来自拉丁语"humus"，意思是"泥土"或"尘土"。"modesty"一词则来自拉丁语"modus"，意为"礼貌"或"适度"，并意味着言行举止的克制。它对应的词是"炫耀""卖弄"或"引人关注"。

　　谦逊往往预示着奸猾或做作，甚至可能是惺惺作态。在英国小说家查尔斯·狄更斯（Charles Dickens）的作品《大卫·科波菲尔》（*David Copperfield*，1850 年）

中，反派角色尤里亚·西普（Uriah Heep）阿谀奉承的性格就令人印象深刻。为了掩盖自己的野心，他经常表现出"谦逊"的模样。谦逊通常伪装成谦卑的样子，但不同于谦卑，谦逊只是外在的、表象的，而非发自内心深处的。谦逊的人充其量能算是有礼貌的人。

相反，真正的谦卑是发自对人类处境的恰当见解：我们只是浩瀚宇宙中的一粒细小尘埃，正如芝士上的活菌一样。当然，人类保持这种冷静明智的思想的时间不会超过三秒，但真正谦卑的人却能够更多地意识到自己在浩瀚宇宙中的渺小，这种近乎不存在的渺小。一粒尘埃不会认为自己比其他尘埃更高级或更低级，也不会关心它们的来源与去处。真正谦卑的人感恩存在的奇迹，不为自己或外在形象而活，而是为生活本身而活。

谦卑者沉醉于谦卑，有时反会给人傲慢自负的感觉。公元前 399 年，70 岁高龄的苏格拉底以亵渎奥林匹斯诸神和对神不虔诚的罪名被控告。他的罪状包括："引进新神，不信城邦的神""对坏事进行雄辩"以及"蛊惑青年"。在法庭上，苏格拉底进行了申辩，他告诉陪审团成员，他们应该为自己一心追逐钱财和名誉，却不追求智慧和真理，或是最好的德性而感到羞耻。

在被法官判处死刑后，苏格拉底转向 501 名陪审团成员，平静地对他们说：

诸位，你们或许认为，我被定罪，乃因我的辞令缺乏对你们的说服力，我若肯无所不说、不为，仅求一赦，那也不至于被定罪。不，远非如此。我所缺的不是辞令，缺的是厚颜无耻和不肯说你们爱听的话。你们或许喜欢我哭哭啼啼，说许多可怜话，做许多可怜状，我所认为不值得我说我做的，而在他人却是你们所惯闻、习见的。我当初在危险中决不想做出卑躬屈膝的奴才相，现在也不追悔方才申辩的措辞。我宁愿因那样措辞而死，不愿以失节的言行而苟活。（《苏格拉底的申辩》，译者：严群）

苏格拉底一生穷困潦倒，走在街上像个流浪汉，他可谓谦卑的典范。当他的朋友 Charephon 询问德尔斐阿波罗神殿女祭司皮提亚（Pythian），这世上还有谁比苏格拉底更有智慧时，女祭司回答，没人比他更有智慧。为了寻找这神谕言论背后的意义，苏格拉底询问了许多自称智者的人，证明他们的智慧，但每次他都得出这样的结论："我似乎比他更有智慧一点，因为我不认为我知道自己不懂什么。"从那时起，苏格拉底把自己当成神的使者，一心一意寻找智者，如果发现对方不是智者，苏格拉底就向他证明他并非智者。

苏格拉底在法庭上是不够谦卑，还是他因过度吹嘘自己的谦卑，反而表现得很傲慢？也许是因为他一心求死，或是因为年老体弱，清楚唯有以死殉道，自己的思想和教诲才能够为后世保留下来，所以故意表现得很傲慢？也许对真正的傲慢者而言，真正的谦卑本身看起来就像傲慢，因此谦卑者或许要借助谦逊的表现才能掩盖他们的"傲慢"。只不过，苏格拉底在法庭上并不愿意这样做。

谦卑意味着自我压抑，这样我们就不会再只考虑自身，然而，谦逊意味着保护他人，这样他们就不会感到不愉快、被威胁和轻视，从而反击我们。因为谦卑的人其实是很伟大的，他们需要披上谦逊这件"外衣"来隐藏自己的伟大。

苏格拉底并非唯一一个有时看上去很傲慢的谦卑者。事实上，很多著名的思想家和艺术家都有这种傲慢特质。即便是怀疑论者笛卡尔（Descartes）也有傲慢的时候。在他的《方法论》（*Discourse on the Method*）附录中，他无意中暴露出傲慢的特质："我希望后人对我的评价是友好的，不仅为那些我所解释过的事物，也为那些我为了让后人能享受探索乐趣，而有意忽略的事物。"

荷兰学者伊拉斯谟（Erasmus）说过，"谦卑就是真理。"谦卑者不喜欢隐藏真相，因为他们天生就是真理的追求者：他们通常是通过哲学，找到谦卑，然后这种谦卑又反过来引出哲学。哲学，作为一种洞察的艺术，如果被真正地利用起来，最终会让人头脑清晰，如此一来，谦卑者做事往往是高成效或成果丰硕的。如果一个人洞见深刻、灵感丰富，他也很可能是谦卑者。

~

并非所有著名的哲学家都高度评价谦卑。亚里士多德的美德名单里就没有谦卑这一项。英国哲学家休谟和德国哲学家尼采甚至谴责谦卑这种心理。

这是理性的休谟在《人类理解研究》（*An Enquiry concerning Human Understanding*，1748 年）一书中关于谦卑的表述：

休谟说："独身、斋戒、苦行、禁欲、克己、谦卑、沉默、孤居独处以及整套僧侣式的德性，它们缘何处处为理智健全的人们所摒弃，不正是因为它们不能有助于任何一种目的，既不提高一个人在俗世的命运，也不使他成为社会中更有价值的一员，既不使他获得社交娱乐的资格，也不为他增添自娱的力量吗？"（《道德原则研究》123 页，译者：曾晓平）

尼采认为，在现代社会，根植于犹太教和基督教传统的奴隶道德（slave morality），压倒了根植于希腊和罗马传统的主人道德（master morality）。主人道德来源于强者，推崇傲慢、高贵、勇气、坦诚和信任等价值观。相反，奴隶道德是弱势群体对强者压迫的防御反应，主要表现为谦卑、温顺、同情、懦弱、卑微等价值观。主人道德倡导"凡是对我有利的，就是好的"，奴隶道德则反对主人的一切。为了把温顺伪装成积极的道德选择，奴隶道德建立了基于软弱和屈从的理想道德准则。这样一来，傲慢成为一种恶行或罪恶，而谦卑上升为一种美德。

奴隶道德是愤世嫉俗、悲观被动的逆向道德观，旨在系统地摧毁旧的、自然的主人道德。它不致力于超越主人道德，而是采取"祭司般的报复"（priestly vindictiveness）手段，即企图通过说服强者，让他们相信自己的力量是邪恶的，从而达到削弱、奴役强者的目的。

尼采对主人道德和奴隶道德的两分法，仍有许多值得推敲之处。不过，他和休谟似乎都混淆了谦卑和谦逊或温顺的含义。谦卑和谦逊都涉及克己，然而，谦逊是指为了他人或短期的舒适或恩惠而克己，而出于谦卑的克己是为了追求更深层的真理和更好的自我。

越来越多的证据显示，谦卑远远不止于克己，它还是具有高度自适应性的情感。研究人员认为它与亲社会性格（pro-social dispositions）相关，如自控力、感恩、豁达、宽容和宽恕，并认为它有助于打造更好的个人和社会关系，而如人们所预期的那样，它还能促就更健康的体格、卓越的学业和工作表现，以及更有效的领导风格。

由于谦卑不再强调自我，它减少了自我欺骗的需要，反过来能够让我们无顾虑地坦诚认错，并从中总结教训，思考不同的见解和可能性，承认他人的品质和贡献，以及尊重、重视与服从法律权威。

总之，谦卑与谦逊或温顺大有不同。

9. 感恩

gratitude

感恩（"gratitude"，拉丁语"gratia"，即"恩典"）从来不是人类容易修炼的美德，这种美德在现代社会更是日益衰落。在物欲横流的当今社会，我们都盯着自己缺乏什么，以及谁比我们多拥有什么。而感恩，是指我们对已拥有的东西的感激之情。不仅如此，感恩者会意识到生活中的美好并非来自我们自身，而是来自我们身外的，不受控于我们的人或物——无论是他人、大自然或更高深的力量赋予我们的恩赐。感恩不是一种人际技巧或策略，而是一种复杂的、有教养的道德特质。人们给它取了很诗意的称呼："心的记忆"或"人类的道德记忆"。

债务人和债权人都很容易把债务误认为感恩。债务是一种更具约束性或可感知的义务。债务人通过偿还或补偿的方式向债权人还债，并不是因为还债能使人愉快，而是因为责任让人痛苦。与感恩不同，债务会让债务人回避，甚至是憎恨债权人。

正如斯多葛学派哲学家塞涅卡（Seneca，卒于公元65年）所言：

> 对人们来说，他们欠的越多，恨意也越多。正所谓："升米恩，斗米仇。"

感恩也与感激（appreciation）也有区别，感激是认可和享受某人或某物的好，但不涉及感恩的核心，即敬畏、崇敬及谦卑。

如果被授予的恩惠是非预期的，或施恩者的社会地位比受恩者更高，那么感恩之情就会被放大。但如果恩惠是预期的，那么受恩者就会认为施恩者及其恩惠是理所应当的，这是一段关系进入疲惫期的普遍特征，也是施恩者要按照灵活的时间表，少量发放礼物和授予恩惠的原因。例如，每年圣诞节我都会给住宅所在街道的拾荒者送一瓶酒。有一年，我没有如期发放礼物，直到2月份的某日，我才执行这件事，而那些拾荒者在接受我的礼物时显得不情不愿。

如果施恩者在授予恩惠给我们的同时，还打动了我们的内心，那么感恩之情也会被放大。如果我们没有被打动，对施恩者就只是心存感激，而没有感恩。这也是为什么在送礼物时要附上一张心意卡。同样地，我们心目中最敬爱的老师，并非那些孜孜不倦地给我们传授知识、认真讲解教学大纲上每个重点的老师，而是那些启发我们，为我们开启通向世界大门的老师。

感恩让我们向自身之外的事物致敬，使我们能够与比自身更伟大，并且是仁慈的、滋养人心的事物联系起来。通过把我们的视角转到外部，感恩让我们看见生活的奇迹。这是令人惊叹、着迷并为之喝彩的，而不是当它来到身边时，会让人很快就遗忘、忽视或不以为意的。感恩给我们带来喜悦、平和、觉悟、热情和同理心，同时让我们远离焦虑、哀伤、孤独、悔恨和嫉妒这些从根本上与感恩相背离的负面情感。感恩之所以能够带来所有这些，是因为它让我们的格局变得更大、更美好，使我们把注意力从关注自己缺乏什么，转移到关注自己拥有什么，以及关注围绕在我们身边的丰厚馈赠。最重要的是，转移到生活本身，这是所有机会和可能性的源泉。雄鹰的视角让我们摆脱束缚，不再为我们自身，而是为生活本身而活着。

为此，古罗马哲学家西塞罗（Cicero，卒于公元前43年）把感恩称为"最伟大的美德"，不仅如此，他还称之为"美德之母"。今时今日，科学界已经开始紧随西塞罗的步伐。根据科学研究，感恩能提升人的满足感，令人变得更励志、更有精力，能带来更好的睡眠和健康状况，还能缓解压力和悲伤情绪。而感恩者更多地融入周遭环境中，会促进更好的个人成长和自我接纳，并对生活的目标、意义和与外界的联系产生更强烈的感受。

我们不仅要感恩过去和当下所接受的恩赐，还要感恩未来可能接受的恩赐。对未来的感恩让人变得乐观，并产生乐观的信念。因此，这就难怪东西方的文化传统都非常强调感恩。在许多基督教派里，最重要的礼节就是"圣餐"（"Holy Communion"或"Eucharist"），Eucharist一词源自希腊语"eucharistia"，译为英语是"thanksgiving"，即感恩。基督教新教的创立者、神学家马丁·路德（Martin Luther）把感恩称作"基本的基督教态度"。基督教的感恩不仅是一种情感，还是一种美德或精神特质，它塑造了我们的思想，感受和行动，并且凭借与上帝及其创造物的紧密关系而发展及践行。

相反，忘恩负义，则可以是缺乏感恩之心，甚至是恩将仇报，如古罗马元老院成员布鲁图斯（Brutus）刺杀了待他不薄的凯撒大帝。忘恩负义是伤害性极大的情感，因为它无视施恩者的付出和牺牲，为施恩者带来侮辱，甚至还会危及其生命安全。

在莎士比亚的小说《李尔王》（*King Lear*，1606年），李尔大声哭诉：

丑恶的海怪

也比不上忘恩的儿女

那样可怕

……

负心的孩子，比毒蛇的牙齿

还要多么使人痛入骨髓！（《李尔王》，译者：朱生豪）

英国哲学家休谟认为："在所有人类生物会犯的罪恶中，最可怕、最违背天性的就是忘恩负义……"德国哲学家康德则认为忘恩负义就是"卑劣的本质所在"。忘恩负义，无疑已经成为一种社会常态。它破坏社会和谐与信用，导致社会道德建立于权利和利益，而非责任和义务的基础之上，也导致人们自私自利，不顾他人。在这种情况下，人类生活的方方面面都要被约束、记录和监视。

尽管感恩能给人带来许多伟大的益处，但是这种美德很难习得，因为它与人类本性中一些根深蒂固的特质相背离。比如，我们对掌握自己命运的渴望；又比如，我们习惯把成功归功于自己，把失败归咎于别人，以及我们下意识地相信世界本身就是公平或正义的，也就是说，我们不愿意接受生活从根本上说就是不公平的这个观点。今时今日，我们越来越多地聚焦自我，而非社会集体，因为感恩会降低我们对自我的幻想。

由于人类本性不太能容纳感恩，这使得它变成了一种良好的修养，或者更确切地说，是情感上的成熟。任何年龄阶段的人都可能习得感恩这种美德，但多数情况下，人们一辈子都学不会感恩。对于什么是感恩，被教着讲"谢谢"的孩子，比他们的父母懂得更少。许多人之所以表达自己的感恩之情，或是表面上装一下感恩，只是因为这样做对他们有好处，或者只是走走形式而已。感恩是一种礼貌，当人们缺乏真正的感恩时，礼貌的目的就是模仿真正的感恩。

相反，真正的感恩，是一种弥足珍贵的美德。古希腊《伊索寓言》（Æsop）中有这样一则故事：有一个逃奴在山洞里遇到受伤的狮子，就好心地帮它把脚掌上的一根荆棘拔了出来。不久后，奴隶和狮子都被抓捕了。在斗兽场上，奴隶被丢到一头狮子面前，而这头狮子正是他之前救过的那一头。当饥饿的狮子正张牙舞爪、咆哮着奔向奴隶时，它认出了他就是自己的恩人，瞬间卧在他的脚下，像哈巴狗一样舔着他的脸。这则寓言最终总结："感恩，是高尚灵魂的象征。"

正如所有美德一样，感恩需要持续地培养，直到有一天我们说"谢谢您，不为任何目的"时，我们才算真正学会了感恩。

10. 嫉妒

envy

美国著名散文家约瑟夫·艾本斯坦（Joseph Epstein）曾打趣地说过，在所有致命的罪恶中（七宗罪），只有嫉妒毫无乐趣可言。

"envy"（嫉妒）一词来源于拉丁语"invidia"，意思是"看不见"。在但丁的长诗《神曲·炼狱篇》（*Divine Comedy*）中，嫉妒者的眼皮被沉重的铁线紧紧地缝合，他们要在这种处境下做苦力。这预示着嫉妒来源于或会导致"双眼被蒙蔽"。

要产生嫉妒心，必须要满足三个条件：第一，我们身边有这样一群人，他们拥有我们缺乏的东西，如财富、品格或成就。第二，我们对他们拥有的东西十分渴求。第三，面对这种现状，我们个人内心感到十分痛苦。之所以说是个人的痛苦，是因为正是这种"个人层面的感受"将嫉妒和其他以旁观者视角引发的情感（如愤慨或愤愤不平）区别开来。总之，嫉妒是因人们渴求拥有他人的优势而引发的痛苦情感。在《家财万贯》（*Old Money*）一书中，作者尼尔森·奥尔德里奇（Nelson Aldrich）这样形容嫉妒的痛苦："内心空洞到几近发狂，好像跳动的心脏被抽离到空中。"嫉妒被认为是在七宗罪中最卑劣、刻薄，也是最令人羞耻的罪恶。我们的嫉妒心隐藏得极深，甚至无法做到自我坦白。

在英语语境中，许多人说"jealous"（吃醋的）时，其实他们的真正意思是"envious"（嫉妒的）。事实上，"envy"（嫉妒）与"jealousy"（吃醋）的释义有些许差别。"envy"是指某人因缺少他人拥有的优势而感到痛苦；"jealousy"是指某人因害怕自己的东西被别人占有，或要跟他人共享自己拥有的东西而感到痛苦。"envy"是贪欲，而"jealousy"则是占有欲。不过，吃醋不仅用于男女间的感情层面，还可以涉及友谊、名誉及专长等。相比承认嫉妒，承认吃醋更容易（或没有那么难），这意味着吃醋的性质没有嫉妒那么消极。

嫉妒自古以来就是人类的普遍情感，是人类根深蒂固的本性。我们的部落祖先害怕引来上天的嫉妒，举行隆重的祭天仪式，并献上供品。在古希腊神话中，正是赫拉女神对爱与美之女神阿芙罗狄忒（Aphrodite）的嫉妒，引发了特洛伊战争（Trojan War）。在印度史诗著作《摩诃婆罗多》（*Mahabharata*，公元前2世纪）中，持国之子难敌（Duryodhana）因为"燃烧的嫉妒"向其叔伯弟兄——

般度族诸弟兄（Pandavas）发动史诗般的大战。

我们的嫉妒对象是那些我们拿来与自我比较的人，是我们心中的竞争对手。正如哲学家伯特兰·罗素所说的，"乞丐不会嫉妒那些百万富翁，但他们会嫉妒那些比自己混得好的乞丐"。嫉妒从未像今时今日一样，成为人们面临的大问题。在这个平等的年代，大众被鼓励凡事与人比较，而网络和社交媒体更是让这种比较变得十分容易，并进一步点燃了我们的嫉妒火焰。此外，由经验主义和消费主义组成的"双重文化"，让人们的眼睛盯着物质和眼前利益，忽视精神和长远利益，进一步摧毁了能抑制嫉妒火焰的抗衡力量。

与其说嫉妒的痛苦是源于对他人优势的贪求，还不如说是源于我们因缺乏某些优势而产生的自卑和挫败感。矛盾的是，被嫉妒困扰，和担心引起他人的嫉妒都会成为我们发掘自身潜能的绊脚石。嫉妒还会让我们失去朋友和盟友，更常见的是，导致最紧密、最亲密的关系变得平淡、拘束，甚至破裂。有时，嫉妒还会导致人们的蓄意破坏行为，正如一个小孩得知自己不能拥有某个玩具时就故意撕烂它——这也证明了我的观点，即嫉妒更多地来源于缺乏，而不是占有。随着时间的推移，我们的痛苦和苦涩可能引发心理问题如抑郁、焦虑、失眠，以及身体问题如感染、心血管疾病及癌症，所以说，嫉妒给我们带来的就是内耗。

对某些人而言，嫉妒会引起更微妙或隐蔽的防御反应，例如冷漠、讽刺、蔑视、势利及自恋，这些都是轻蔑的表现，是为了最大程度地减少他人的优势给自己构成的威胁感。人们对嫉妒的另一个防御反应是激起嫉妒对象反过来嫉妒自己，并认为，如果别人嫉妒我们，那我们就没有理由再去嫉妒他们了。

极度的嫉妒会让人在痛苦的基础上演变出仇恨。这种仇恨让人们把自身的失败及自卑感迁怒到"替罪羔羊"身上。迁怒替罪羔羊是一个严重的问题，我在《隐藏与寻找》（*Hide and Seek*）一书中就该话题做了更长篇幅的讨论。

人们通常极力去掩饰自己的嫉妒。可即便如此，嫉妒还是会通过一些间接的表现暴露出来，例如幸灾乐祸（schadenfreude）就是嫉妒的一种表现。

"schadenfreude"一词来自德语，译作英文为"harm-joy"，即幸灾乐祸。人们幸灾乐祸的心理还能带旺媒体业务，因为媒体经常报道落魄名人、政治家丑闻等这类故事。虽然"schadenfreude"是个新词 —— 17世纪40年代才在德国开始兴起，但它代表的情感却早就存在。在亚里士多德的《修辞学》一书中，作者称之为"epikhairekakia"，该词甚至很难拼读出来。

正如"envy"的词源所暗示的那样，嫉妒最根本的问题就是它会蒙蔽我们的双眼，让我们的视野变得极其狭隘。在嫉妒的掌控下，我们就好像变成这样的船长：航行时不借助苍穹星光，而是借助倒置望远镜的失真镜头。于是，船东倒西歪，很快就被岩石、暗礁或风暴击倒。嫉妒通过阻碍我们前进，让我们变得更加嫉妒，进而陷入恶性循环。

～

如何避免产生嫉妒心？当嫉妒邻居拥有炫酷的敞篷车时，我们会忽视邻居为了购买和维护这部车付出的努力和代价，更别提拥有这样一部车的风险和不便了。用美国当代作家查尔斯·布考斯基（Charles Bukowski）的话来说，"永远不要嫉妒一个男子拥有贤妻，这背后可能是一个人间炼狱"。同样地，也不要嫉妒一个女子拥有优秀的丈夫。在生活中，我们不仅因为拥有才富有，同时也因为缺乏而富有。我们太容易忘记某些银行投资者和对冲基金经理为了追逐所谓的"成功"，彻底地出卖了自己的灵魂。他们精神空虚，失去了拥有任何其他优势的能力，而这一切是他们本有能力获取的。这样一个被掏空的躯壳不值得别人嫉妒，而是令人同情。要防止嫉妒，我们要改变思维方式，而这需要从嫉妒的逆向视角去看问题。

那么，那些没有付出任何努力和代价，就继承了大量财富的少数人又是怎样的呢？在印度教传统中，这些幸运儿只是在享受他们过往的业力（karmic）成果，这包括养育他们的父母，以及养育他们父母的祖父辈的业力等，简言之，就是因果循环的规律。但有时候，对彩票中奖者而言，他们的好运气实在太不应该了，简直令人妒火中烧。不过，运气的本质是它会随着时间的推移趋向平衡化。因此，根本就没有必要你嫉妒我，我嫉妒你。从长远来看，我们或多或少会得到我们应得的东西，然后不论我们是谁，我们的运气都会有耗尽的一天。

上帝在给你关上一扇门的同时，会给你开启一扇窗：如果我们没能拥有一样东西，就会拥有另一样东西，即便它不是原本的那样东西。但如果我们嫉妒，我们就只会惦记自身所缺而非珍惜既有，或本该享受的东西。培养感恩和谦卑心态，能够帮助我们树立正确的观念，并抵制嫉妒。

说到底，嫉妒其实关乎一个人的心态。当我们面对一个比自己更优秀、更成功的人时，我们的反应可以是喜悦、崇拜、无视、嫉妒或效仿。当我们因别人比我们优秀而感到痛苦时，就会导致嫉妒；当我们因自己比别人不足而感到痛苦时，就会导致效仿。两者的区别看上去很微妙，实则大不同。如果反应为嫉妒，我们就不会从那些比我们厉害的人身上学习，从而让自己停滞不前；如果反应为效仿，我们就会向人讨教，并通过学习大大提升自我。

嫉妒带来的最好结果充其量是毫无意义，而最坏的结果则让人变得自我堕落。相反，效仿让我们成长，通过成长，我们会获得那些会引发我们嫉妒心的优点。在亚里士多德的《修辞学》一书中，他表示那些效仿心态通常出现在两种人身上：第一，那些相信他们值得拥有自己尚未具备的好东西的人；第二，那些拥有高尚品格和高贵特质的人。换句话说，我们是嫉妒还是效仿别人，是我们的自尊心决定的。

11. 贪婪

greed

贪婪是指一种不知足的欲望，是对超过应得的事物的贪求。这种欲望是出于一己之私，而非为了更广泛的利益，并通常会伤害到他人和社会。贪婪的对象可以是任何事物，最普遍的是食物、财富、权势、名誉、地位、他人的关注与崇拜等。

贪婪可能源于一个人早年的精神创伤，例如失去父母、生活变故或被人忽视。成年后，这种人的性格会变得自卑、焦虑和脆弱，于是依靠某种替代物来填补自己极度缺乏的关爱和安全感。对这种替代物的追求能够帮他转移痛苦，并在一定程度上给予他精神安慰与补偿。

关于贪婪的另一种理论是，这种心理特征是根植于我们骨子里的，这是因为在进化过程中，贪婪有助于促进生存与繁殖的发展。如果没有一定程度的贪婪，个人和群体将会很快面临资源耗尽危机，失去创新和发展的方法与动机，并且在面对无常的命运和敌人的圈套时，显得更加无助。

如果说相比其他生物，人类更易贪婪，这是因为人类具有探视将来（包括死亡），甚至更遥远未来的能力。我们对死亡的探视引发自身对生存的意义、价值和生活方式的焦虑。为了遏制这种焦虑，我们的文化为人类从生到死这一历程打造了既定的"人生剧本"。每当我们的存在焦虑控制了我们的意识时，我们就会转向文化寻求安抚和慰藉。

被贪婪缠上的人彻底沉迷于自己贪求的目标。他们的生活只剩下竭尽所能地追逐、囤积自己贪图的东西。即便他们的每一种合理的甚至更多的需求都已经得到满足，他们也无法重新调整方向，去追寻更高层次的东西。

贪婪会引起负面的心理问题，包括压力、精神萎靡、焦虑、抑郁及绝望。同时，它还会让人染上不良嗜好，如赌博、囤积强迫症、盗窃、欺诈及腐败。贪婪凌驾于理性、同情及关爱等社会推崇的品格之上，导致家庭关系和社群关系变得疏离，并损害社会赖以存在及发展的纽带和价值观。

最后，在贪婪的助长下，我们的消费文化持续给环境造成严重的破坏，导致滥砍滥伐、土地荒漠化、海洋污染、物种灭绝以及更频繁、极端的气候问题。这种赤裸裸的贪婪能在短期持续存在都存疑，更遑论长期了。

美国著名心理学家亚伯拉罕·马斯洛（Abraham

Maslow，卒于 1970 年）提出正常人具有某些特定需要，这些需要按层次排列。某些需要（如生理需要和安全需要）相比其他需要（如社交需要和自我实现需要）更为原始和必要。马斯洛的"需要层次论"通常呈现为五层金字塔结构，一个人只有在低层次的或基本的需要得到满足时，才会追求上一层的需要，并按次序层层递进（见图 11-1）。

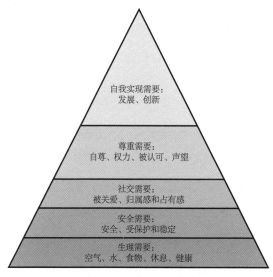

图11-1　马斯洛五层需要层次

马斯洛把金字塔底部四个层次的需要称为"缺失性需要"（deficiency needs），因为当一个人的这些需要得到满足时，他不会有任何感觉。因此，吃、喝、睡这类生理需要，以及安全需要是缺失性需要。此外，友谊、性亲密等这类社交需要，以及自尊、被认可的尊重需要也属于

"缺失性需要"。

另外,马斯洛把金字塔第五层次称为"自我实现需要",因为它让一个人追求自我实现,也就是说,去发挥人类最高的或最大的潜能。一旦人们的缺失性需要得到满足,他们的焦虑就会转移到自我实现需要。他们会开始,即便是下意识或半下意识地,去思考个体生活及生活的来龙去脉与意义。

贪婪的问题在于它把我们禁锢在五层金字塔的底层,防止我们登上处于顶端的"自我实现需要"这一层。

由于贪婪让我们罔顾大局,阻止我们与自身交流,它被主流文化强烈谴责。

英国创作歌手莉莉·艾伦 2009 年发行的歌曲 *The Fear* 是对本章贪婪主题的现代世俗版演绎。

我选择了其中部分歌曲片段作为这一章的总结:

我想要富有,想要大把金钱

不关心聪明与否,风趣与否

我也是巨额消费的武器

这不是我的错,这只是我的身体程序在运行……

忘掉枪支和弹火吧

因为在我的任务里，我正将其全部消灭……
我已经分不清对错和虚实
也不知道自己的感受究竟如何

我们想着，一切终会明了
其实，我已经被恐惧占据

12. 欲望

desire

　　在英文中，"desire"（欲望）和"destiny"（命运）这两个词几乎属同一个词。"desire"源自拉丁语"desiderare"，即"向往"或"盼望"。而"desiderare"本身又源自"desidere"，字面意思是"来自星星"，原意是"等待星星带来的东西"。

　　我们无时无刻不在产生欲望，欲望不会消失，只会不断地被更多新的欲望取代。没有源源不断的欲望源泉，人们就失去了做任何事情的理由，生活就会从此停滞不前，正如那些有欲望障碍的人一样。短期失去欲望会导致一个人陷入无聊，而长期失去欲望则会导致抑郁。

　　是欲望推动我们向前走，给我们提供生活方向和意义的指引——或许不是指宇宙层面的意义，而是基于某种事物的狭义意义。如果你在阅读这本书，这是因为你对阅读这本书产生了欲望，不管是出于什么理由。这种欲望驱使你去阅读，"motivation"（动机）正如"emotion"（情感）一样，源自拉丁语"movere"，表示"移动"。

正如在此书的引言中所讨论的，欲望和情感是紧密关联的。脑部受损患者缺乏情感表达能力，因此很难做决定，因为他们缺乏在各种选项之间做出抉择的基础。哲学家休谟有个著名言论，即不能从"是"那里推断出"应该"，大意是一个人不能仅从事实中推断出道德论断，这预示着我们所有的伦理原则最终都是由情感决定的。

我们带着欲望来到世上，从不记得自己没有欲望的时候。我们对欲望已经习以为常，以至于无法感知它的存在。除非一种欲望非常强烈或与其他一些欲望起冲突时，我们才会意识到这种欲望的存在。正念冥想（mindfulness meditation）本身可能无法阻止我们产生欲望，但能够促使我们更好地看清欲望的本质，从而反过来帮助我们摆脱无益的欲望。印度哲学家吉杜·克里希那穆提（Jiddu Krishnamurti，卒于1986年）表示："自由，不是决策的表现，而是感知的表现。"

尝试一下去遏制你的欲望。这就是欲望的矛盾：就算是去停止欲望，本身也是一种欲望。为了避开这种矛盾，一些东方的思想家设想出中断欲望的观念——"悟道"，即不把去除欲望当成修行的最终目标，而把它当成修行路上的障碍。灵修并不一定会带来欲望的终止，而只是让我们更有能力去消除各种贪欲和诱惑，从而摆脱欲望的牵引与影响。

~

如果欲望就是生活的一部分，那我们为什么还要控制它？理由很简单，我们想要控制生活，或至少是自己的生活，让它多一些愉悦，少一点痛苦，让它更有建设性，减少破坏性。

所有的苦难都可以用欲望来表达。如果欲望尚未得到满足让人痛苦，那么由此产生的恐惧和焦虑也让人痛苦，这可以理解为对将来的欲望；同样地，愤怒和悲伤可理解为对过往欲望未得到满足的反应。中年危机如果不是欲望危机的话，那也算不上什么。中年危机是指中年人苦涩地发现，现实离自己年轻时的梦想和欲望相去甚远。

此外，欲望的产物可能跟欲望本身一样令人痛苦。我们对房子、汽车和其他财富的积累夺走了我们大量的时间，破坏了我们内心的安宁，无论是在追逐还是维护这些财富的期间，更别说还可能面对失去的痛苦。名誉至少是毁誉参半的，且很容易转向声名狼藉。这并不意味着我们要回避名利，只是说我们不应该把它们当成目标，或是过度重视它们。正如我所说过的，在生活中，我们的富足不仅在于拥有的，更多地在于没拥有的。

过度的欲望，当然就叫作"贪婪"（见 11 章）。贪婪蒙蔽了我们的双眼，让我们只能看见自己贪求的目标，以至于无法体验丰富多彩的人生，生活只剩下永无止境的追逐。贪婪也让我们无法享受自己拥有的东西，这些东西虽然看起来很少，但已远远超出祖先的梦想。

欲望与愉悦及痛苦紧密相连。在进化过程中，那些有助于促进人类物种生存与繁衍的事物能让我们感到愉快，而那些对人类物种生存与繁衍起不到促进作用的事物则让我们充满痛苦。人类天生就对一些东西很贪恋，因此对它们的欲望很强烈。只要一个欲望被满足，我们就对其中一些东西失去兴趣，马上又产生了新的欲望，因为知足并不利于生存与繁衍。

问题就在于此：我们的欲望仅仅是为了促进生存与繁衍而形成，不是为了让我们感到幸福或充实，不是为了提升我们，也不是为了赋予我们超越生活本身的意义。但今时今日，生存已经不再是问题，而随着地球人口突破 80 亿，我们的渴求和欲望还停留在那古老的往昔。

即便是我们如此信奉的理智，也是为了协助我们完成生存和繁衍的任务而形成的。理智不会帮助我们抵抗欲望，更别说支配欲望了。相反，理智被我们的欲望控制着，只是为了帮助我们实现欲望而存在，虽然它很喜欢自欺欺人，认为自己在想别的东西。

尼古拉斯·普桑的布面油画作品《猎户座寻找升起的太阳》
（*Blind Orion Searching for the Rising Sun*），创作于1658年。收藏于纽约大都会
艺术博物馆。叔本华把理性比作视力正常的瘸子骑坐在一个盲眼巨人的肩膀上。

事实上，我们的欲望也基本不属于"我们的"，我们只是把产生的欲望找了出来而已。就好像我要找出朋友的欲望，就要观察她，并从其行为中推断她的欲望。我们对自身的欲望也一样。如果我是善于观察的人，我会比我的朋友更多地了解她的欲望，尤其因为她会抵制那些她认为无法接受的欲望。就算这些欲望潜入了她的意识，她也会扭曲或伪装它们。广告商利用欲望的这种特质，把欲望的种子植入我们的潜意识，然后再对我们展开理性说服，以将我们的欲望"合法化"。

极少欲望会进入我们的意识层面。那些进入了我们意识层面的欲望，会被我们当成是自己的。某种欲望在"浮出水面"之前，还要与其他一些相冲突的欲望竞争，这些欲望在某种意义上也是我们自己的。对于"胜出"的欲望的认识，通常已达到了我们认知水平的天花板。这种欲望形成的竞争过程在精神分裂症患者身上体现得最为明显，他们听到的那些所谓陌生的声音，其实就是他们自己的声音。

用叔本华的话而言：

> 我们通常不清楚自己期待什么，惧怕什么。多年来，我们可能拥有某种欲望，但我们不愿意去承认，甚至有意将它排除在意识之外，因为理性对它一无所知，也因为如果我们意识到自己拥有欲望，我们对自身的好感难免会因此受损。但如果愿望成真，我们会从内心的喜悦中，难为情地发现，原来这就是我们的欲望啊。

"我们的"欲望跟我们本身无关，这其实很容易证明。当我们制订新年计划时，我们会对自己和别人宣告，在某种程度上，我们其实是想要控制自己的欲望，这也暗示着我们的欲望通常不受我们的控制。誓言和承诺同样如此。但即便是最庄严、最公开的婚礼誓词，例如查尔斯王子和戴安娜的世纪婚礼，在足足7.5亿名全球观众的见证下，承诺还是无法兑现。此外，我们对一些琐碎欲望的控制能力最强，如穿什么衣服、听什么音乐，但在爱情方面的欲望，似乎最难（如果不是完全不能）掌控。

在多数情况下，我们不清楚自己想要什么。即便我们清楚，我们也不敢肯定这是否符合我们的最佳利益。例如，玛丽可能想到牛津大学学医，即便这个梦想成真后意味着她要坐三年的公交车，或者她永远无法发现自己在写作方面更具潜力。无论情况有多糟糕，被牛津大学拒绝对她而言才是最好的结果。我们都认为自己知道什么对自身有利，并为之全力以赴，付出巨大代价，但事实上我们只是在努力平衡各种可能性，或者为无法预知的各种可能性而努力。不过，通常都是逆境让我们发挥出最好的一面。

我们的大多数欲望都旨在满足另一个更为重要的欲望。如果我睡觉醒来感到口渴，想喝水，我就会想要开灯、走下楼等。喝水是我的终极欲望，因为它能舒缓我因口渴产生的不适，而其他一系列相关的欲望属于辅助欲望，除了协助我实现终极欲望外，没有其他目的。

总体而言，终极欲望是由感觉引发，因此动机很强烈；而辅助欲望则由理性引发，只是受它们服务的终极欲望驱动。有些欲望既是终极的，又是辅助性的，正如我们为生计而从事某种工作，同时很热爱这份工作。这就是最好的欲望。

我要喝水这个欲望也是一种享乐型欲望，因为它会给我带来愉悦感或帮我摆脱痛苦或不适。大多数终极欲望都是享乐型的，虽然有一些是纯粹受意志力驱动的，例如，为了把事情做对，我想要做对的事情。但也可以说非享乐型的欲望根本就不存在：即便做对的事情是"为了把事情做对"，它也会给人带来一种愉悦感和满足感，这样一来，它也只是一种变相的享乐型欲望。

即便如此，像饥渴这类生理性欲望也具有强烈的动机，然而更多抽象型终极欲望则倾向弱动机，因为我们的情感无法支持它们，或是支持的力度很微弱。情感对抽象型终极欲望的支持程度似乎完全脱离我们的控制，或者正如叔本华所说的："人能做他想要做的，却不能要他所想要的。"

当然，理智也有可能起来对抗情感，拒绝强烈的终极欲望。但情感这个"主人"毕竟比理智这个"奴隶"更高一筹，理智若是冒险对抗情感，很大可能反过来被情感狠狠地"打回老家"。与其正面对抗情感，理智还不如用另外一个欲望取代原来的欲望，或是顺着情感的意愿重构一个欲望（通常是这样说服的：从长期来看，抵制欲望将会带来更多的快乐），这样，理智还更有优胜的机会。

欲望除了分为终极的和辅助的，以及享乐型的和非享乐型的，还可以分为自然的和非自然的。自然的欲望，如对食物和住所的欲望，受到自然条件的限制；而非自然的或虚荣的欲望，如对名誉、权势和财富的欲望是无止境的。古希腊唯物主义哲学家伊壁鸠鲁（Epicurus，卒于公元前270年）认为，自然的欲望很容易满足，且会让人感到很愉悦，理应得到满足；而非自然的欲望这两种作用都不具备，理应要祛除。通过遵循这种方法，选择性地消除一些欲望，能让我们最大程度地减轻因各种欲望得不到满足而带来的痛苦和焦虑，并让我们的内心尽可能接近平和和安宁。伊壁鸠鲁说："如果你要让一个人快乐，不是增加他的财富，而是取走他的欲望。"

非自然的欲望之所以被称作"非自然"，是因为它们不是取决于自然，而是由社会决定的。想想假如地球上只剩下我一个人了，那么名誉、权势和财富对我而言就没有什么意义了。社会决定的欲望也是具有破坏性的，例如让别人嫉妒我们，或是想看到别人失败（或至少不想别人比自己成功）。通过消除取悦他人、吸引他人关注自己，以及超越他人的欲望，我们可以开始为自己而活，从非自然和破坏性的欲望中解脱出来。

13. 希望

hope

亚里士多德表示，希望是清醒者的梦想。更通俗地说，希望是某人对某事产生的欲望，以及对实现这种欲望的期待。简而言之，希望是某人对自己渴望的东西的期待。希望某事就是渴求某事，并且相信无论对错，这件事发生的概率就算小于 1，也总好过概率为 0。如果事情发生的概率接近 1，它就不是希望，而是期望；如果概率为 0，它就是幻想；如果概率小于 0，它就是愿望。

即便希望涉及对事件发生概率的预估，这种理性预估的层面也远远谈不上精确，并且通常是无意识的。当我们抱有希望时，我们不知道可能性有多大，但仍旧选择"对希望抱有希望"。这种不确定和抗争，这种"对希望抱有希望"就是希望的所在。

在柏拉图的早期著作《普罗泰戈拉篇》（*Protagoras*）

中，苏格拉底表示，伯里克利（Pericles），这个带领雅典开创黄金时代的执政官，给他的儿子们提供最好的教育，但涉及智慧时，就让他们自己去领悟，并希望他们自行点亮自身的美德。"希望"的这种用法暗示希望某事发生时，大多数情况下（如果不是全部的话），其结果都是不受人为控制的。

希望的其中一个对立面是恐惧。恐惧是一种担心某事发生，但又隐隐预料到该事有可能会发生的心理。每个希望里都带着恐惧，每种恐惧中也透出希望。希望的其他对立面还包括无助和绝望，它们都是指一个人在无助处境下的焦躁表现。

把希望与乐观主义及信念进行比较颇具启发性。乐观主义是一种充满希望的态度，相信一切都会变得更好或最好。相比之下，希望的对象则没有那么笼统，而是更指向某事（即便是悲观主义者也会对某些事情充满希望），并且希望更涉及个人的情感。希望某事就是申明某事对自己的重要性，进一步而言，是一种自我主张。意大利哲学家和神学家阿奎那（Aquinas）表示，信念与不可见的事物有关，而希望则与不在眼前的事物有关。如果希望是比乐观主义更强的执念，那么信念又是比希望更强的执念。

关于希望的题材主要出现在宗教、神话和寓言故事当中，在古希腊奴隶伊索（卒于公元前564年）所著的《伊索寓言》中，燕子是希望的象征，因为燕子是冬末最先出现的报春鸟。"孤燕不成夏"这个俗语就是来自《伊索寓言》中的一则寓言《败家子和燕子》（*The Spendthrift and the Swallow*），该寓言大意如下：

从前有位挥霍无度的年轻人，他把祖宗留下的家产挥霍一空，只剩下一件外套。有一天，他看到一只提前报春的燕子轻快地掠过池塘的水面，叽叽喳喳地、欢快地叫着。他以为春天要到了，就把最后一件外套也卖掉。但一段时日过后，寒冬夹着霜冻再次杀来。年轻人看到已经冻死在地上的燕子，就责骂它："讨厌的鸟！看你都做了什么？春天还没到你就来了，害死自己不说，还把我也连累了！"

在希腊神话中，普罗米修斯（Prometheus）从诸神那里盗取火把，造福人类。为了报复他，主神宙斯（Zeus）命令火神赫菲斯托斯（Hephæstus）用泥土和水创造了人世间第一美女，并且命令诸神赐予她礼物，让她变得魅力无敌。宙斯称这个"美女恶魔"为潘多拉（Pandora，希腊语中表示集百美于一身的意思），并将她连同一个盒子一起赠送给普罗米修斯的弟弟厄庇墨透斯（Epimetheus）。尽管厄庇墨透斯一直警告潘多拉不要打开那个盒子，但潘多拉最终按捺不住好奇天性，将盒子打开了。她一开启盒子，就将盒子里的恶魔释放到人间，这些恶魔把人类的幸福生活摧毁了。吓呆了的潘多拉回过神来猛地掩上盒盖，可已经太迟，恶魔已经逃光，盒底只剩下一件名为"希望"的东西。

除了解读为赤裸裸的女性歧视，潘多拉神话的主旨很难诠释。它是暗示我们被赋予了希望，因此更能承受痛苦，还是说我们并没有被赋予希望，因此生活更加痛苦？抑或是第三种可能，希望就像盒子里的其他东西一样，是另外一种恶魔，是再来折磨我们的东西？看，这些及更多的种种解读，本质上就是希望的特质，也许这种模棱两可的设定本身就是故意的。

在基督教中，希望、信念、爱（即望、信、爱）并列为神学的三大美德。基督教所宣扬的希望并非纯粹指期待所渴求的事情发生，而是作为一种"有信心的期盼"，即信仰，是对上帝及其恩赐的信任，相信上帝能够让信徒从犹豫、恐惧、贪婪以及任何可能使他们远离爱的东西中解放出来。宣教士圣保罗（St. Paul）认为，这三大美德中最伟大的是爱："如今常存的有望，有信，有爱，这三样，其中最大的是爱。"正如基督教的祷告一样，基督教的希望是信徒们将来与主在一起，依靠主的恩典。因此，它更接近信仰，而非希望，是对未来的信仰。

在但丁（Dante）的《神曲·地狱篇》（Inferno）中，地狱之门上刻着的铭文暗示，基督教中的地狱是一个无望之地，也就是说，在这里人与神断开了联系。

由我进入愁苦之城，

由我进入永劫之苦，

由我进入万劫不复的人群中。

正义推动了崇高的造物主，

神圣的力量、最高的智慧、本原的爱

创造了我。

在我以前未有造物，

除了永久存在的以外，我也将永世长存

进来的人们，你们必须把一切希望抛开！

《地狱之门的思想者》(创作于1880年)收藏于巴黎罗丹博物馆

回到人世间，这里有个说法："没有希望，就没有生活。"希望是一个人对生活的信心，是耐心、决心及勇气等更具体的性格特质的基础。希望不仅给我们指明了目标，还给我们提供实现这些目标的动力。正如欧洲神学家马丁·路德所宣扬的："一切成功源于希望。"

希望不仅让人展望未来，也让人更易忍受眼前的困境，无论是孤独、贫穷、疾病或是日常生活中的磨难。即便没有困难，也要有希望，因为人们不会止步于满足，而是追求冒险和进步。

在表象背后，希望将我们的现在、过去和将来连接起来，编织成人生篇章，赋予我们生活的形象和意义。我们的每一个希望是串联我们人生每一天的线，定义着我们的奋斗、成功和失败、优势和劣势，并在某种意义上赋予它们高尚的格调。

顺着这种理念，虽然希望是专属人类自身的（因为只有人类才能深谋远虑，规划自己的将来），但它也同时关联着一些比我们更强大的宇宙生命力，这种力量推动着我们向前，正如它推动整个自然界向前一样。这种宏观的、紧密相连的及互相依存的一面，把我们带回希望的灵修或宗教层面。

相反，无望既是抑郁的原因，又是它的表现；抑郁情境下的无望，预示着强烈的自杀倾向。作为精神科医生，我向患者问的最敏感的一个问题就是"你希望从生活中得到什么？"，如果患者回答"什么也没有"，那么我就会谨慎对待这个患者的问题了。

希望使人愉悦，因为我们对欲望的期盼是令人愉悦的；但希望也使人痛苦，因为愿景尚未实现，也许永远无法实现。符合实际的或是合理的希望会使我们振作，推动我们前进，而不切实际的希望则会让我们更加痛苦，并不可避免地导致失落、沮丧和愤恨之情。怀揣希望会令人痛苦，看着希望破灭更令人痛苦，这解释了为什么人们倾向于对凡事都不敢抱持过大的希望。

由于希望看起来是不理性的，又是"温顺"的，哲学家对它极不待见。而事实上，若不带一些希望的话，他们就不会理性思考，因为希望会让他们到达某种境界，如果不是智慧的话，至少也可以取得终身的成就。在这方面，存在主义哲学家与他们的同道中人意见一致，认为希望通过保护我们远离残酷的真相，把我们带入一个脱离现实的、充满假象的生活。

不过，存在主义哲学家对于希望也有一些非常有趣的独创观点。法国哲学家阿尔贝·加缪（Albert Camus）在1942年发表的散文作品《西西弗的神话》（*The Myth of Sisyphus*）中，将人类面临的处境比作古希腊神话人物西西弗的困境。国王西西弗因得罪诸神，被惩罚将巨石推到山顶。可每次当他快把巨石推到山顶时，巨石就会滚下去。西西弗只能日复一日不停地向山顶推巨石，重复着毫无意义的苦役。加缪总结："为了登上顶峰而奋斗，本身就足够充实一个人的心灵。我们应该设想西西弗是快乐的。"

就算处于一种完全绝望的处境中，西西弗也可以是快乐的。事实上，他感到快乐恰恰是因为他处于完全的绝望之中；因为他认可并接受了自己的无助困境，同时打败了它。

14. 怀旧

nostalgia

怀旧是人们对过往，尤其是对与自身有积极关联的特定时空的怀念，有时也泛指对所有过往的缅怀，正如"美好往昔"这种表达。在安德烈·布林克（André Brink）的小说《风中一瞬》（*An Instant in the Wind*，1975 年）结尾，亚当（Adam）说："没人能再带走我们内心的沃土，连我们自己也不能。"人们会因失去而感到伤感，又会因还没有完全失去，也永远不会完全失去而感到喜悦或慰藉，而怀旧正是这两种情感的结合体。虽然我们是肉体凡胎，但是我们从死神那里夺取过来的任何渺小的人生都永远属于我们。

"nostalgia"（怀旧）一词是由瑞士医生约翰尼斯·霍费尔（Johannes Hofer）于 1688 年提出的合成词。该英文单词由古希腊语 "nóstos"（返乡）及 "álgos"（痛苦）合并而来。nóstos 是贯穿荷马史诗《奥德赛》（*Odyssey*）

的主线。《奥德赛》讲述了特洛伊战争后，希腊英雄奥德修斯（Odysseus）设法重返家乡伊萨卡（Ithaca），以及回到妻子珀涅罗珀（Penelope）和儿子忒勒玛科斯（Telemachus）身边的故事。

在古罗马诗人维吉尔（Virgil）的史诗《埃涅阿斯纪》（*Aeneid*）中，描写了另一位特洛伊战争中的战斗英雄埃涅阿斯（Aeneas）凝视着一张描绘特洛伊战争场景的迦太基壁画的情节。埃涅阿斯也是罗马神话中罗马市的奠基人——双生亲兄弟罗慕路斯（Romulus）和雷穆斯（Remus）的祖先。他哀伤地悼念着在战争中失去的亲人，痛哭着："这些画面真是催人泪下，又触动人心啊！"

在《圣经·诗篇》（*Psalms*）中，巴比伦监狱的犹太人哭悼他们失去的家园，后由 Boney M 乐队演绎出经典歌曲《巴比伦河》：

在巴比伦河畔，
我们促膝长谈，
想到心中圣地锡安，
我们眼泪潸然。

由霍费尔发明的"nostalgia"一词，主要是指在中欧 30 年战争期间，离乡背井的瑞士雇佣兵所患的怀旧病。该病的症状包括极度思念家乡瑞士阿尔卑斯山的风景、昏厥、发热等，在极端情况下，甚至会死亡。有军医认为，士兵之所以会患怀旧病，是因为阿尔卑斯山脉空气稀薄，持续响亮的牛铃声损坏了他们的耳膜神经和大脑细胞神经。哲学家卢梭（Rousseau）则在其《音乐词典》（*Dictionnaire de Musique*）中提出禁止瑞士雇佣兵唱瑞士歌曲，以免加剧他们的怀旧病。

~

今时今日，怀旧不再被视作一种精神疾病，而被视作一种自然、普遍甚至是积极的情感，是引领人们展开一场超越时空界限旅程的"列车"。触发怀旧情感的因素通常包括：对往昔的念想、特定的地点和物件、孤独感、孤立感、空虚感，以及重复出现的声音、气味、口味、质感及重要日子等。

在我年幼时，我的英国牧羊犬奥斯卡被车碾压后，只能送去安乐死。我所保留的，除了关于它的种种回忆，就只剩下它的一撮毛发。正如我们儿时的玩偶和书籍，或是童年的家和卧室，这撮毛发成为一种时光"传送门"，多年来"帮助"我追忆奥斯卡。

我用"帮助"这个词，是因为怀旧情感确实起到不少令人意想不到的自适应功能。我们的生活通常是乏味的，甚至是荒唐的，而怀旧能够提供必要的情境、视角及方向，提醒并安抚我们，我们的生活（及其他人的生活）并不像它表面看上去这么平庸，它就像小说一样精彩，从过往到将来都是有意义的时光和体验。这就不奇怪，怀旧情感会更容易在不安定的时代，以及在转折或变革时期产生。根据一项研究，在冷天或在寒冷的房间里，人们更容易产生怀旧情感，并且它能让人感觉心生暖意。

在这方面，怀旧更像是一种期待，可以定义为人们对一些预期的或期盼发生的积极事件所怀揣的热情和兴奋之情。对过往时光的追忆，以及对未来的念想，在短时间内让我们变得强大，正如在新冠疫情封控期间，怀旧就给我带来了力量。

奇怪的是，我们的脑海中总是萦绕着关于一些人的久远记忆，他们有些已经长大、变老或离世，但是我们脑海中对他们的记忆依旧如此清晰，以至我们还能看见他们眼中的光芒和嘴角抽动的表情。有时我们还能脱口而出他们的名字，好像这样就会有魔法把他们带到我们面前一样。

若非其矛盾特性，怀旧可能毫无意义。怀旧在给我们提供追忆过往的物质载体的同时，也提醒我们这些过往已经逝去，在这种提醒下，我们就会去寻求补偿。不幸的是，我们通常是通过消费的形式去实现补偿。于是，营销人员就利用人的怀旧心理来推销各种商品，从音乐到汽车，从衣服到房子。

可以说，怀旧其实是一种自我欺骗的情感，因为它总是重现失真的、理想化的过往情境，尤其是它会将糟糕的或是无聊的部分抹去，仅仅留下精彩的经历。罗马人对这种现象贴了一种标签，现代心理学家称之为"玫瑰色回忆"（rosy retrospection），即人们对过往的回忆总是经过美化的。

如果人们过分沉溺于怀旧，就会不惜一切代价，牺牲当下的光阴、乐趣和发展，去追求一个从未存在，以及永远不会存在的乌托邦世界。对很多人而言，与其说他们将来要去的地方是天堂，还不如说，他们自认为的来处才是天堂。

"nostalgia"（怀旧）与一系列词语有类似或相关的概念，包括"saudade""mono no aware""wabi-sabi"以及"sehnsucht"。

"saudade"是葡萄牙及加利西亚语，代表着对已经失去，以及可能永远不再归来的人或事的爱及思念。它代表一种令人伤感的缺憾，或是一种虚无缥缈的梦幻，即便在对象存在的情况下，这种梦幻也能感受得到，尤其在受到威胁或是有缺憾的情况下。比如，电影《天堂电影院》（*Cinema Paradiso*，1988 年）结尾闪过的一帧帧热吻画面。又比如，怀旧情结的产生，与葡萄牙的没落，以及人们对重返帝国鼎盛时期的渴望相呼应，这种渴望是如此的强烈，以至于被写进国歌"让我们重振葡萄牙的辉煌"。

"mono no aware"源自日语词汇"物哀",其字面意思是令人感伤的事物,正如每年樱花树上从盛放到凋谢的樱花。该词由日本江户时期的国学名人本居宣长(Motoori Norinaga)发明,在为《源氏物语》(*The Tale of Genjii*)所写的文学评论中,他提出"物哀"是指人们对事物无常本质的高度觉醒,以及对它们短暂美丽的欣赏,并且对它们的逝去表现出来的淡淡的感伤和怀念。进一步说,是在意识到万事万物终将逝去这一现实及真理时的感伤和怀念。虽然美丽本身是永恒的,但是它的特定表现形式是独特的,因为美丽事物本身,以及它们与不断老去的观察者之间的互动永远无法复刻。

与"mono no aware"相似的还有"wabi-sabi",即"侘寂",该词来源于佛法,是一种关于残缺、无常之美的审美哲学。侘寂推崇无常、缺陷之美,以培养人的平和心境和对精神的追求,进而摆脱物质和烦琐世俗的束缚。例如,表面坑洼、釉面开裂,以及带有标志性缺口的日本Hagi锅,就是侘寂残缺美学的体现。随着时间的推移,锅的颜色还会更深,变得更加易碎、独特。事实上,日常生活中很多东西都体现出残缺美学,包括石头建筑、木地板、皮革制品、书籍以及服饰。我选择在牛津居住的一个原因,就是那里的一切都很有残缺美感。前几年,我用烧砖建造了一堵花园墙壁,特意在墙面上淋上牛奶,这样苔藓就能更快生长,进而营造出一种残缺古旧美感。

牛津的残缺审美建筑风格。这堵墙建于17世纪初，
采用当地的海丁顿石建造。

德语"Sehnsucht"一词的意思是向往或渴求，指人们对不完美现实的不满，以及对似乎比现实本身更真实的理想的期盼，正如美国诗人沃尔特·惠特曼（Walt Whitman）的《普遍性之歌》（*Song of the Universal*）最后几行所描绘的一样：

这是一个梦想吗？

不，缺失的部分，才属于梦想。

没有梦想，人生中的知识和财富将会变成一场空，

全世界将会变成一个虚无。

最伟大的"牛津人"C. S. 路易斯（C. S. Lewis）这

样形容 "Sehnsucht"："内心对未知事物的强烈向往。"在其作品《天路归程》（*Pilgrim's Regress*，1933 年）中，他这样描述这种感受："是某种无法言表的东西，欲望穿透我们，就像带着篝火气味的利剑，像野鸭飞过头顶的声音，像小说《世界尽头的水井》（*The Well at the World's End*）的标题，像诗歌《忽必烈汗》（*Kubla Khan*）的开篇，像夏末清晨的蜘蛛网，像海浪翻滚的声音……"

路易斯将这种感觉重新定义为"喜悦"，他认为这是一种未被满足的欲望，它比其他任何一种欲望都更令人神往。这种"喜悦"的矛盾特性来自人类欲望本身事与愿违的本质，也可以认为无非是为了欲望而产生欲望，为了渴望而产生渴望。

在《荣誉之重》（*The Weight of Glory*，1941 年）一书中，路易斯从人类对美的古老追求角度描述这种现象：

我们所认为的书籍或音乐中存在的美好会背叛我们，如果我们对其深信不疑的话，因为这些东西本身并不存在美好，只是人们将内心对美好的向往负载于它们身上。美好的事物、对往昔的回忆等，都只是我们内心真正渴望的美好镜像。如果把这些东西当作事物本身固有的，它们就会成为无用的偶像，会伤透崇拜者的心，因为它们不是事物本身，而只是我们从未闻过的花香，从未听过的曲调回音，从未探访过的国家传来的新闻。

15. 抱负

ambition

"ambition"（抱负，亦可称雄心、野心）一词与
"amble"（漫步）、"ambassador"（大使）及"ambulance"
（救护车）同词源，源于拉丁语"ambitio"（巡回），原指
古罗马时期公职候选人和政治家四处走动拉选票，后来引
申出对荣誉、认可和晋升的谋求。抱负可定义为对某种成
就或卓越的争取，它包括两个层面：第一，对成就的渴望；
第二，即便遇到逆境和失败也不放弃争取成就。有抱负首
先是去行动，并且目标并非成就本身（因为成就很难达到），
而是要彰显与众不同。如果地球上只剩下一个人，那么根
本就没有必要谈什么抱负。

人们通常会把抱负和志向混淆。纯粹的志向对对象具
备特定的目标，而抱负则是一种特质或性格特征，因此是
持久和普遍的。一个人不会轻易改变自己的抱负，正如不

能轻易改变性情一样。真正有抱负的人在实现一个目标后，马上就会产生另外一个使其为之奋斗的新目标。

抱负通常与"希望"一同出现，正如"希望和抱负"。希望（见第 13 章）是某人对某事产生的欲望，以及对实现这种欲望的期待，而抱负是指某人对某种成就或卓越的欲望，并怀揣为之奋斗的意愿。希望的反面是恐惧、无望或绝望，而抱负的反面是"没有抱负"，其本身并不是负面的。

也许没有抱负（野心）反而是好的。在有的东方传统文化中，抱负就被看作一种邪恶，它让人们执着于对世俗物质的追求，阻碍人们进行精神修炼，从而无法修得美德、智慧及平和的心境。相反，在西方传统中，抱负被看作成功的先决条件，尽管西方古典传统本身也抵制抱负。例如，柏拉图（Plato）在其著作《理想国》（*The Republic*）中表示，好人因为没有抱负而不从政，导致子民被野心勃勃的坏人统治着。好人就算被召唤或得到拥护，他们也不肯从政，而是宁愿躲进书房或花园里过闲逸的生活。为了迫使好人在政坛上打造影响力，柏拉图甚至提倡对拒绝从政的好人设立惩罚机制，这或许值得我们当今时代借鉴一下。

亚里士多德对抱负的见解则更为微妙。在其著作《尼各马可伦理学》中，他把美德定义为介于过度和不足之间的适中状态的特质。与过度和不足不同，这种特质是成功的一种表现，因此是值得称赞的。例如，在"恐惧和自信"之间，那些哪里有危险就往哪里冲的人是莽夫，那些遇到危险就畏畏缩缩的人则是懦夫，而勇气是指适中或中庸，即著名的"黄金分割点"。在"小荣誉与不光彩"之间，亚里士多德把"抱负（野心）"定为恶性的过度，把"缺乏抱负"定为恶性的不足，而把"适度的抱负"定为中庸之道。此时你或许会想"重大荣誉与不光彩"之间是什么，这关系到傲慢，而非抱负。该主题我们在第 5 章中讨论过。

今时今日，我们按照亚里士多德的观点，把抱负分为"健康的抱负""不健康的抱负"以及"缺乏抱负"。健康的抱负可以理解为对成就或卓越的适度追求，不健康的抱负则涉及对这些过度或无序的争取。健康的抱负是在个人能力范围内的，对社会有益，而不健康的抱负则有阻碍作用，且具破坏性，更接近于贪婪。

有强烈抱负的人对失败非常敏感，他们一直处于不满足和受挫状态。正如古希腊神话人物西西弗，他总是有完不成的任务，以及古希腊神话中主神宙斯之子坦塔罗斯，他想要的奖赏总是不可触及。正如坦塔罗斯头顶悬着一块摇摇欲坠的巨石一样，野心者的脖子上也系着失败的枷锁。

事实上，正是对失败的恐惧阻碍了人们的抱负，除了那些最勇敢或最鲁莽的人。正如狂躁会导致抑郁，野心也会导致痛苦和绝望。心怀野心，就意味着恐惧和焦虑常伴左右。人们只有学会了感恩（见第 9 章），才能减轻野心带来的负重感。感恩是对我们所拥有的东西的感激之情。虽然只盯着未来的人尤其缺乏感恩之情，但如果没有野心，生活依旧看上去值得一过，那么野心也没有那么大的负面作用。

除非我们愿意为了自己的抱负付出代价，即便它不仅很难实现，最终还可能并不值得我们去付出，否则我们的抱负就不是真正的抱负。甚至可以说，纯粹的抱负最终都是不值得付出的。幸好，纯粹的抱负基本不存在，因为它通常都是与无私的动机和目的交织在一起，即便这些动机和目的更多的是偶发性的，而非经过深思熟虑的、确定性的。也许我们最伟大的成就，或者说人类最伟大的成就全是，或几乎全是抱负的偶发性产物。

就此看来，抱负就像悬挂在驴子头顶的胡萝卜，诱使着它卖力往前拉车。研究发现，平均而言，有抱负的人拥有更高的教育水平和收入，以及更有声望的职业，并且整体生活满意度较高。虽然由于运气不佳或决策失误，大多数有抱负的人最终没能实现自己的抱负，但他们也远远地超越了那些没有抱负的同辈。

为什么某些人相比其他人会更有抱负呢？简而言之，抱负的形成机制很复杂，可以基于一系列的因素，包括父母的榜样角色和期待、出生顺序和手足竞争、自卑感或优越感、对失败或被拒的恐惧、智慧、过往成就、竞争、嫉妒、愤怒、报复心，以及对生活和性的本能动机等。

从纯粹的精神分析层面来看，抱负可以看作一种自我防御，它跟其他形式的自我防御一样，是为了保护和维持某种自我观念。与抱负这种相对成熟的自我防御不同，那些无能力为自身行为负责的人可能不具备那么成熟的自我防御能力。例如，他们会将"生活本来就不公平"这个观念合理化，或者无法成为"生活的主角，而是充当配角"。如果他们的自我比勇气更强大，他们可能会变得不屑一顾，甚至具有破坏性。后者也是一种吸引关注或自我破坏的方式，以充当他们否定失败的借口："不是我失败了，而是……"

在野心的情境下，有一种值得探索的自我防御是升华。它是所有类型的自我防御中最成熟、最成功的。例如，如果内森（Nathan）生老板的气，他可能会回家踢自己的狗出气，也可能会带狗出去跑步散心。第一种反应（踢狗）是一种迁移，将不适的感受转移到某人或某些不那么重要的事情上面，这是一种很不成熟的自我防御。第二种反应（带狗出去跑步散心）是升华的例子，将无效的或是破坏性的力量引向社会可接受的及通常是建设性的活动，这当然是一种成熟得多的自我防御。

另外一种与野心关系更密切的"升华"，发生在那些有虐待倾向和杀人冲动的人身上，他们可能通过参军打仗来发泄自己的冲动，或者像英国推理小说作家阿加莎·克里斯蒂（Agatha Christie）的小说《无人生还》（*And*

Then There Were None，1939 年）中的老法官瓦格雷夫（Wargrave）一样，最终成为一个绞刑官。在小说末尾的附言中，一名渔船船主在德文郡海岸（Devon coast）边发现了一个瓶子，瓶子里装着已故瓦格雷夫的自白信，在信中，他自曝自己一生充满虐待狂热，却又带着强烈的正义感。虽然他痴迷于恐吓、折磨及杀人，却无法为伤害无辜的罪犯辩护。为了满足自己的狂热，他设计将罪犯引诱到一个孤岛，动用私刑将他们杀死。当目睹罪犯因为恐惧而瑟瑟发抖时，他的内心就会产生莫名的狂喜。

在生活中，极少事物是非黑即白的。相反，事物的好与坏，取决于我们能否从中得到什么。拥有高度健康抱负的人，具备洞察力和力量（这种力量来源于洞察力）来掌控抱负带来的野蛮力量，也就是说，塑造他们的抱负，使其匹配自身兴趣和理想，并对抱负加以利用，以激发自己的斗志，而非让野心燃烧过旺，变成熊熊烈火烧毁了他们自身，并祸及周遭。对抱负最高层次的理解，来自谦卑（见第 8 章），也许没有必要非得野心勃勃才能达到很高的成就，或是才能感觉到自己真正地活着。

人们可以减少或扩展自己的抱负程度及本质。健康的抱负需要通过个人的修炼及完善，而这个过程只能自己领悟。

16. 愤怒

anger

愤怒是一种平常且具有潜在破坏性的情感，它把许多人的生活变成了活生生的地狱。很难想象像苏格拉底或释迦牟尼这样有修为的人情绪失控会怎样。不过，我们可以通过仔细的冥想来控制自己的愤怒，甚至完全消除这种情感。且让我们来试试。

在《尼各马可伦理学》一书中，作者亚里士多德表示脾气好的人有时也会发脾气，但只在该发的时候才表现出来。这类人的脾气来得快去得快，但仍旧被称赞脾气好。如果他们的愤怒偏离了平均值，要么就是极端暴怒，要么就是懦弱卑怯，这时他们就应该受到责备：

由于每件事都很难做到恰如其分，因此每个人都可能生气——这太容易了，出钱能让人生气，花钱也能让人生气。但找准生气对象，把握情绪尺度，在对的时机，用对的方式表达愤怒，还要动机纯良，这就并非每人都能做到，也很难做到。这就是为什么美德很稀罕，很值得称颂，也很高尚。

在亚里士多德的《修辞学》一书中，他把愤怒定义为一种伴随着痛苦的冲动，是人们针对他人冒犯到自身或自己的朋友而进行的复仇反击。他补充道，愤怒的痛苦还夹杂着对复仇期望产生的愉悦感。但我不太确定。即便愤怒伴随着愉悦感，这种感觉也是极其微弱的，就如我说"如果你毁了我的日子，我也毁了你的日子"，或是"看看我认为我有多强大"所带来的"快乐"一样。这根本就毫无快乐可言。

亚里士多德表示，人们在三种情况下会有被冒犯的感受：被蔑视、被刁难或被傲慢对待。在每种情况下，这种轻视都暴露了冒犯者明显不把我们当一回事的心态。我们可能会，也可能不会对冒犯者感到愤怒，但当我们陷入困境时，如贫穷或痴恋某人时，或者我们对被冒犯的主体或对我们自身缺乏安全感时，我们就会感到愤怒。

相反，如果他人的轻视并非出于本意或是无意的，或本身就是由愤怒激起的，又或是冒犯者向我们道歉，在我们面前表现得很谦卑、唯唯诺诺，那么，我们就不会感到那么愤怒。正如亚里士多德所言，就算是狗也不会咬屈身之人。此外，如果冒犯者给予我们的善意比我们给予他们的还多，或冒犯者发自内心地尊重我们，又或是对方是我们所惧怕、所需要或崇拜的人，那我们也不会感到那么愤怒。

一个人一旦被激怒，在以下这些情况下，其愤怒感会渐渐地平息：认为被冒犯是自己罪有应得、时光冲淡了报复心、对冒犯者进行了报复、冒犯者遭受了应有的苦难，或愤怒被转移到第三方身上。这样一来，虽然相比卡利斯提尼斯（Callisthenes）[①]，人们更恨埃尔戈菲留斯（Ergophilius），但人们还是将埃尔戈菲留斯无罪释放，因为他们已经把卡利斯提尼斯判了死刑。虽然亚里士多德的著作写在心理学还没出现的两千多年前，但他似乎已经将矛头指向了"转移"这种自我防御机制，即人们把对埃尔戈菲留斯的愤怒转移到卡利斯提尼斯身上。

显而易见，亚里士多德在论及正确的或适当的愤怒时，其观点是对的。愤怒可以起到一系列有用的，甚至是重要的作用。正如与其有关联的恐惧或焦虑情感一样，愤怒可以让我们避免来自身体、情绪或社会方面的威胁，或者如果无法做到这一点的话，一个人就会调动身心的资源，采取规避、防御或修复性的行动。

愤怒如果运用得当，可以让一个人彰显出高的社会地

---

① 卡利斯提尼斯（Callisthenes），希腊哲学家、历史学家，亚里士多德的侄子，因被指控叛国罪而被处死。

位，助其争取等级和地位，确保合约和承诺得到履行，甚至激发他人的积极情感，如尊重和理解等。能够恰如其分地表达愤怒的人自我感觉更理想，更有自控力，更乐观，更敢于采取能够带来成果的冒险行动。

同时，愤怒，尤其是歇斯底里、肆意发泄的愤怒会导致人失去理智，判断失误，做出冲动、破坏性的行为，并让人声名尽毁。用古罗马诗人贺拉斯（Horace，卒于公元前8年）的话说："愤怒是短暂的疯狂，控制你的思想，因为如果你不控制它，它就会控制你。"

因此，克制的、恰当的愤怒是公正的、策略性的及自适性的，应该与第二种愤怒（且让我们称之为"暴怒"）区分开来。暴怒是原始的、无节制的、不恰当的、非理性的、不分青红皂白的及不受控的。其功能只是让我们以另一种更容易忍受的痛苦来取代或掩饰原本的痛苦，以保护受到威胁的自我。

但即便是正确的或适度的愤怒也是无益的，因为它终究是愤怒，会给人带来痛苦和伤害。说它有害，是因为它会导致观点偏差和判断失误。举个例子，愤怒，尤其是暴怒，会加剧一致性偏见（correspondence bias），即在解释他人的行为时，高估性格特征的作用，低估情境因素的作用——而在解释自身行为时，就正好反过来。这样一来，如果艾玛（Emma）忘记了洗碗，我就会认为原因在于她很懒惰、不负责，甚至是怀恨在心（性格特征）；而如果我忘记了洗碗，我就会以自己太忙、太累或有其他重要事项要做（情境因素）为理由而原谅自己。

从更基本的层面上看，愤怒强化了这样一种错觉，即人们的所作所为所想是基于高度的自由意志、无偏颇的想法，而事实上他们的大多数选择和行为，他们对应的大脑活动，都是由过往的事件，以及这些事件对他们的思维和行为模式的累积影响决定的。艾玛是艾玛，是因为她是艾玛，并且至少在短期内，她无法改变这个事实。这就意味着那个真正值得我们愤怒的人，其行为是不受主观偏见影响的，也就是说，那个自由攻击我们的人，很可能是对的。愤怒是一个恶性循环：它源于糟糕的见解，并且使其变得更加糟糕。

这并不意味着愤怒永远是不妥当的，因为一种短暂、策略性的愤怒表现，即便是不值得的，也依旧可以达到善意的目的。正如我们为了培养一个小孩或一只小狗的行为举止和性格，假装对他们生气一样。但如果所有需要的，也只是刻意表现出来的愤怒而已，那么伴随着痛苦的愤怒则完全是多余的。它的存在只是暴露了……某种认知的缺失。

这个世界就是这样，也向来是这样：就算你对着月亮喊得声嘶力竭，也无法让事情变得更好。当真正深刻地认识到这一点时，我们才能将真正的、痛苦的和破坏性的愤怒从我们的生活中移除。当然，前提是假设我们能够接受世界本来的样子。

17. 忍耐

patience

一位老人曾这样道出他最深的忏悔:"如果我能理解时间流逝的本质就好了!""Patience"(忍耐)源自拉丁语"patientia",意为"耐心、耐力、顺从",并且如"passivity"(被动)和"passion"(激情)一样,也源自拉丁语"patere",意为"遭受"。它可以定义为一个人在面对逆境时的忍耐度或沉着品质,小到别人的迟到或挑衅,大到遭遇悲惨的厄运与极度的痛苦。

忍耐的适应性很强,同时又不易修炼,因此通常被认为是一种美德,但也可以理解为是一系列美德的综合体,如自控力、谦卑、宽容、慷慨及仁慈。忍耐本身也是其他美德(如希望、信念和爱)的重要体现。因此,忍耐是集古代众多美德观念于一体的典范。

在佛教中，忍辱是六波罗蜜（六度）之一①，并延伸到"以德报怨"的美德。

在《圣经·箴言》（*Book of Proverbs*）中，犹太基督教传统高度赞赏忍耐："不轻易发怒的，胜过勇士，治服己心的，强如取城。"在《传道书》中也有类似表述："存心忍耐的，胜过居心骄傲的。你不要心里急躁恼怒，因为恼怒存在愚昧人的怀中。"

忍耐的对立面是急躁（impatience），它可以定义为无法或厌恶忍受可感知的缺陷。急躁是人们对当下的排斥，因为当下存在瑕疵或遭到破坏，他们认为现状应该被想象中更理想的未来代替。急躁是人们对现状和现实的排斥。忍耐是人们认识到生活对我们每个人而言都是一场挣扎，急躁则是人们对他人顺从现状感到不满，对人类本质的有限性表现出不屑，甚至蔑视。

急躁意味着无能，也就是说，缺乏对某种情况的掌控或指挥能力，而这种无能又会进一步导致挫败感。正如愤怒（见第16章）一样，急躁和挫折既让人痛苦又令人误入歧途；既让人自暴自弃又令人毫无作为。它们会导致人们的莽撞和破坏性行为，也会导致他们的无所作为或拖延行为，因为拖延了一项费劲或枯燥的任务，也就推迟了这项任务会带来的挫败感。

---

① 佛教六波罗蜜（六度）包括布施、持戒、忍辱、精进、静虑、智慧，是菩萨万行的纲领。

忍耐从未像今时今日一样，成为一种被遗忘的美德。当今社会，个人主义和物质主义横行，人们把野心和行动（或至少是活动）看得高于一切，而忍耐则涉及自我的退让和克制。情况只会越来越糟糕：在一个针对数百万名网络用户的调查中，研究人员发现，在短短10秒钟之内，就有近一半用户关掉了还未开始播放的影片，并且网速越快的用户关闭影片的速度越快，这预示着科技的进步实际上在磨灭我们的耐性。

即便是很短时间的等待，也已变得令人难以忍受，以至于我们的经济多数都在致力于消除"停滞期"。在《失败的艺术》（*The Art of Failure*）一书中，我讨论过，这种焦躁不安是狂躁防御的一种表现，其本质是通过一系列相反的感受（如狂喜、有目的的活动及全能的控制）来分散注意力，防止无助和绝望的感受进入意识。

即便在现代化、科技化之前的年代，所谓的"自我中心困扰"也让人难以保持忍耐。因为人们最先接触的是自己的思想，满脑子都是自己的观点，结果就变得自以为是，失去对某种情况的客观评判。比如，如果我在排队结账时感到不耐烦，这在很大程度上是因为我觉得相比排在我前面的家伙，我的时间更宝贵，目的更重要，即便我对他们一无所知。又比如，我自认为更能胜任收银台的工作，就对收银员投以鄙夷的目光，却意识不到对方是从不同的角度，以及用不同的技能和能力处理此事。最后，我在究竟是排队等候、换队伍排队，还是放弃购物这三种选项中摇摆不定，这样一来，我的挫败感本身就成了挫折的来源。

忍耐可以被视作一个决策问题：是今天吃光所有的粮食，还是把它种到地里等待丰收。遗憾的是，历史上人类不是从农民，而是从狩猎者进化而来的，因此很容易忽视长期回报。这种刻在骨子里的短视被斯坦福大学的棉花糖实验（Stanford Marshmallow Experiment）所证实。该实验是由心理学家沃尔特·米歇尔（Walter Mischel）在20世纪60年代末和70年代带领展开的、针对延迟满足主题的系列研究。米歇尔对数百名年龄介于4~5岁的儿童展开研究，实验规则很简单：实验人员给儿童各自分发一个棉花糖，并给他们提供两个选择：一是现在吃掉分发的棉花糖，得不到任何奖励；二是先留着分发的棉花糖，等待15分钟后，能获得额外的一个棉花糖作为奖励。在向孩子们解释过实验规则后，研究人员让孩子们和棉花糖单独待15分钟。这项为期40多年的系列研究后续显示，那些能够等待15分钟，以获取第2个棉花糖作为奖励的少数儿童持续取得了更好的生活成就，包括更好的考试成绩、更好的社交技能以及更少出现物质滥用。

即便如此，忍耐涉及的远不止像那些儿童那样，为了获得未来的收获而延迟满足。践行忍耐（注意这里用的是

"践行")可以比作节食和培育花园，或者写书。没错，等待是必需的，但同时也要制订合适的计划，并按计划工作。类似地，在对待他人时，忍耐不仅仅是克制或宽容，更是要和他人同声共气，共同奋战，共谋福利。就此而言，忍耐是一种共情，它不是漠视、疏远对方，而是将对方变成自己的朋友。

如果急躁意味着无能，那么忍耐就意味着力量，力量源自认知。忍耐并非让我们成为任命运摆布的棋子，而是让我们远离挫折及其负面作用，以及让我们冷静、理性地思考问题。也就是说，在对的时间，用对的方法，做对的事情，还能让自己享受生活中的其他美好事物。在面对排长龙的结账队伍时，我可能选择放弃购物，但即便这样做，我也不会丧失自己的冷静，以及不会就此毁掉美好的一天。

践行忍耐并不一定意味着永不抗争或选择放弃，而只是以一种深思熟虑的方式来做事情：从不急躁、从不小气及从不盲目。它也不意味着抑制，就像一瓶好酒被储藏数年并不意味着这段时间就不再拥有酒了。人生苦短，等不起，但耐心的等待却是值得的。

最后值得一提的是，忍耐让我们能够实现一些原本难以企及的目标。正如法国哲学家让·德·拉布吕耶尔（Jean de La Bruyère，卒于 1696 年）所说的："对于从容前进、不急功好利的人而言，没有道路是漫长的；对于耐心为自己做好准备的人而言，没有荣誉是遥不可及的。"

如果一个人真正认识到忍耐能够并且确实会带来许多更好的成果，那么忍耐就更容易践行，也许甚至会让人心情愉悦。2012 年，美国罗切斯特大学的研究人员复制了棉花糖实验。但这次他们将儿童研究对象分成两个小组，针对第一组研究对象，研究人员违背了奖励棉花糖的承诺；针对第二组研究对象，研究人员则兑现了奖励棉花糖的承诺。研究人员发现，在后续的实验中，第二组儿童（承诺得到兑现）的等待时间比第一组儿童的等待时间平均高出4 倍。

换句话说，忍耐在很大程度上是关乎信任的，或者像有些人所说的关乎信念。

18. 信任

trust

在柏拉图的哲学著作《理想国》中，柏拉图的堂弟格劳孔（Glaucon）对苏格拉底这样表示，绝大多数人并不是真正关心正义，他们只是为了避免不正义或表现出不正义所带来的社会代价，才维护自己的公义和美德名声。如果一个人能够拥有盖吉斯戒指（Ring of Gyges）[①]，戴上它之后就可以隐身，那么此人十有八九就会按照自己的本性来行事了。

没有一个人会坚定不移地履行正义，不让自己拿走属于别人的东西，不占有它们——如果他可以无所畏惧地从市场上拿走他想要的东西，可以杀死或释放他想要的任何

_____

[①] 格劳孔在《理想国》中讲述了一个神奇故事：有位叫盖吉斯的牧羊人在机缘巧合下，获得一枚可以让自己隐身的戒指。于是他设法谋取到当国王使臣的职位，并利用戒指引诱到王后，还串联王后谋杀了国王，窃取了王位。

人，即等于像"一个人群中的神"一样可以为所欲为。

格劳孔认为，我们表现出正义，并非因为我们重视正义，而是因为我们弱小且自私。虽然我们当中也有一些狡猾之辈，他们看上去很正义，而行事不义却胜过所有人，得到的也比别人更多。

苏格拉底在对格劳孔长篇幅的回复中，构建出一个理想国来帮助他定义正义，首先是从更大、更容易关联的国家层面，然后再从个人层面来展开。苏格拉底认为正义和非正义与精神的关系，正如健康和疾病与身体的关系。如果身体在本质上是渴望健康的，那么精神本质上也是渴望正义的。对苏格拉底而言，精神有疾病或精神失调的人是无法享受快乐的，因为他们无法理性地掌控自我。

假设苏格拉底的观点是对的，即正义是精神内在所渴望的，可当人们拥有，或者即便是没有拥有"盖吉斯戒指"时，他们还是倾向于行事不义。如果人们不再有理由惧怕行事不义的后果，如果他们没有什么可失去了，我们就不再能够信赖他们。如果我们不再信赖他们，他们也不再信赖我们。信任被打破，彼此互相抵御对方，甚至攻击对方，以先发制人。随着国家陷入骚乱，各种邪恶和杀戮行为横行，就像巨浪翻滚的大海。

万幸的是，暴政注定是短暂的。哲学家尼可罗·马基雅维利（Niccolò Machiavelli，卒于 1527 年）在对雄心勃勃的一国之君的劝谏中，表示"胜利从未从此清晰地表明，胜利者可以不必尊重某些东西，尤其是正义"。

亚里士多德在其著作《尼各马可伦理学》中表示，使人们变好的三个因素是天性、理性或习惯。然而天性不受我们控制，只有极少数人能长期倾听理性的声音。在天性和理性之后，就只剩下习惯。绝大多数被认为的美德都是自动式的习俗和习惯养成的。正如我们在引言结尾中所讨论的，好习惯源于好的法律，国家的正义最终会转化成个人的正义。

1588 年 4 月 5 日，英格兰威尔特郡（Wiltshire），一名牧师的妻子听到西班牙无敌舰队（Spanish Armada）来袭后，就早产了，生下的这个孩子就是后来的启蒙思想家托马斯·霍布斯（Thomas Hobbes）。正如他后来所讲的："我母亲生下一对双胞胎，我与恐惧。"在他的政治学著作《利维坦》（Leviathan）中，他认为没有法律、信任和和平的状态是"原生的状态"，这种状态令我们如此厌恶，以至于我们基于恐惧和理性（绝大多数是恐惧），把我们的差异搁置一边，凑到一起共同合作。霍布斯把人类在原生状态下的生活描述为"孤独、贫穷、肮脏、野蛮及短暂"，他的这种观点经常被人引用。

霍布斯认为，和平与合作最好是通过打造一个社会契约来实现，在该社会契约下，建立一个以绝对的君主为首的联邦，一个庞大的政治体制或是"利维坦"。为了进行自我保护、实现和平与繁荣，人们同意被剥夺某些特定的权利，把他们的自由限制在他们能够容忍他人的范围之内。君主的角色就是执行契约，基于人性本质，该契约持续面临被打破的风险。霍布斯认为，人类普遍倾向于"在焦虑中不断地追逐着种种权力，直到死亡为止"。

博弈论（game theory）能帮助解释为什么两个或以上的理性者可能无法合作，即便合作最符合他们的利益。在经典的囚徒困境（prisoner's dilemma）中，两个共犯同时被抓捕，并被分开单独监禁。检察官给他们一个简单的选择：要么指证对方，要么保持沉默。

如果二人都保持沉默，则每人各判一年刑期。

如果二人都指证对方，则每人各判二年刑期。

如果只有其中一人指证对方，则告发者被无罪释放，而被告发者则判三年刑期。

从自私的角度来说，无论对方是否合作，对其中一人而言，最好的选择就是揭发同伙，当然，对对方而言，也是如此。但如果这两个囚徒都相信他们将来还会再共事，或者知道他们的帮派组织会杀掉叛变者，那么平衡就会转移。又比如，如果婚姻能够促进夫妻双方的信任和善意，那么也是因为双方知道他们无法逃脱对方的"魔掌"。用霍布斯的话说就是："没有剑的契约，只不过是一纸空文。"

如果他们都知道帮派组织会杀掉叛变者，那么他们或多或少可以信赖关在另一间牢房里的哥们会选择跟自己合作，但这意味着他们是信任对方才选择合作的吗？如果我认为别人不伤害我是因为他们至少尚存理性，以及他们是为了自身狭隘的利益而不去打破社会契约，那是否意味着我可以把自己的幸福托付给他们，或者甚至我相信他们不会攻击我？

如果一个陌生人拿着刀劫持我，我会心惊胆战，但不会感到被人背叛了，因为背叛是信任的对立面。霍布斯对人性本质的思考如此匮乏，以至于他根本无法设想什么是真正的信任，并且他的社会契约带给我们的，也无异于对真实物品的苍白模仿而已。

令人高兴的是，人类本性比霍布斯推测的要明智一些。人类不是冰冷的、有时还会出故障的机器，相反，人类具有合作能力，拥有亲社会的情感，如友谊、爱、同情、羞耻及内疚。这些情感当然是有帮助的，信任也许永远无法比爱情更重要，但依赖别人的爱，而不必信任其本人（想想小孩的例子）是完全有可能的。然而，我们信任的人，如医生和法官，他们显然不是爱我们，甚至连同情我们都谈不上。

小狗给人的印象可能是值得信赖，但更确切地说，应该是忠诚。忠诚是比信任更宽泛的概念。忠诚可以基于信任，通常是长期的信任，但它也可以基于其他事物。例如，对自己国家或对国家足球队的忠诚，或者对一个暴君的忠诚，就是基于其他东西而非信任。"loyal"（忠诚的）这个词与"legal"（合法的）相关，并且具有，或过往曾具有一定的封建内涵，带有"效忠"的意思（该词也与"合法的"相关），但比效忠更具情感性或更有个人的参与感。直至今日，忠诚的对象通常都是比我们自己更重要的人或事物。评价一个人忠诚，可能带点儿贬低的意味，但评价一个人值得信赖，则总是给人高尚的感觉。

相反，真正的信任是建立在这些情况下的：（1）本人请求或允许合适的某人替我珍视的东西承担一些责任，从而让我自己在对方面前处于被动状态；（2）对方同意承担该责任，或者在这种情况下，我可以合理地期待对方会这样做。例如，我把健康托付给医生，因为作为一个合格的医生，以及作为我的医生，她对我的健康承担了一些责任。当然，我也已经请求或允许她去承担那种责任。

但即便如此，我对医生的信任也不是全方位的，而是取决于她是哪种人，以及我与她之间的合约性质，我可以在健康方面信任她，却不能在财务方面信任她。换句话说，一个人可以在某些特定的事物上对某人建立信任，却未必能在其他事物上对此人建立信任。

我的医生可能某天会因某种原因不再负责照顾我的健康，但我会期望她能礼貌地让我得知这个事实，并且妥善处置交接安排，以维护我托付给她的宝贵东西，在这种情况下自然是指的健康。如果她能以这种得体的、体贴的方式结束她对我的照顾，我可能会感到失望、伤心，甚至会有些恼怒，但我不会感到被背叛，或至少不会像其他情况那样感到被背叛。

在法语中，信任是"confiance"，正如英语中的"confidence"（信心）一样，其字面意思是"带着信念"。也许我们不能相信别人会不令我们感到失望，但我们能够信任他们或者他们中的某些人不会误导我们，并且不会轻易让我们感到失望。

19. 宽恕

forgiveness

　　早前，五名男子因私闯著名名酒收藏家米歇尔－雅克·沙瑟伊（Michel-Jack Chasseuil）的住宅盗窃未遂被逮入狱。他们用卡拉什尼科夫（Kalashnikov）步枪威胁沙瑟伊，并对他拳脚相加，甚至折断了他的几根手指。在经过这一番磨难后，沙瑟伊这样表示："我宽恕他们，但不会原谅他们的所作所为。"沙瑟伊这样说是什么意思呢？换句话说，宽恕和原谅有什么区别？

　　宽恕是指消除因遭受冒犯行为或事件而产生的合理的负面情绪，如愤怒、怨恨及报复。另外，原谅是减轻或试图减轻对冒犯行为或情况的道德谴责，其目的是免除作恶者的罪责。因此，沙瑟伊的话应该理解为他已经不生这些人的气或不再怨恨他们，但这不意味着他们的罪责或惩罚能得以减轻。有人认为，宽恕就是赦免对方的责任，但沙瑟伊的例子表明情况并不一定是这样。

其他与宽恕相关的概念还包括纵容、容忍和赦免。如果原谅是减轻对冒犯行为的道德谴责，那么纵容是无视或轻视任何对冒犯行为的负面评价及伴随的负面情感，首先否定任何过失。容忍，则至少在道德层面是承认过失，却当作若无其事，放任不管。赦免是基于冒犯者的无心过失行为而免去其罪责。赦免也是一种由第三方权威机构行使的法律和政治概念，例如美国总统对某个罪犯执行赦免令，而该罪犯必须相应地接受赦免。

宽恕也要与怜悯加以区分，怜悯是出于同情，对我们本该谴责、惩罚或报复的对象采取宽容处置。在司法背景下，怜悯（或宽厚）正如哲学家约翰·洛克（John Locke，卒于 1704 年）所说的："基于公众利益，行使酌情权，无须遵照法律，有时甚至背离法律。"

纵容和容忍的对象倾向于某些行为，而宽恕的对象则常是特指的、单一侵犯事件。纵容或容忍的对象可以是针对他人的过失行为，而宽恕的对象只能是那些针对我们自身的过失行为。此外，与其说我们宽恕过失行为本身，还不如说是宽恕那个做出过失行为的人，就像这样说："我宽恕你……"

宽恕远不止于放任或容忍，它还会掩饰自我与他人的道德关系，目的是重新构建一种关系的平衡。如果我说"我宽恕你"，我是暗示你对不起我（或至少我认为你对不起我），并且在某种程度上暗示你亏欠我。但如果你不认为你对不起我，你会因为我的宽恕而感到委屈。因此，有时面对一些轻微的冒犯，我们保持沉默是明智的，也就是说，表现出我们已经宽恕对方了，但不明说出来。

宽恕不是以任何一种方式化解怨恨的，否则一个人只要通过失忆或离世就能够实现宽恕。相反，真正的宽恕涉及一个特定的过程，最终受害的一方能够放弃复仇，消除怨恨，并且最重要的是，通过重新构建一种道德上的平等关系，给予对方改过自新的机会。

从历史上看，冒犯者会执行或屈服于某种正式的悔罪仪式，以令受害者在保留尊严的前提下宽恕对方。1077年1月，神圣罗马帝国国王亨利四世（Holy Roman Emperor Henry IV）长途跋涉，亲赴意大利北部卡诺萨城堡（Canossa Castle），请求教皇格雷戈里七世（Pope Gregory VII）取消对他的破门律①。在此之前，亨利四世因为宣布废黜格雷戈里七世惹怒了他。格雷戈里七世随即进行回击，对亨利四世颁布了破门律。这样一来，亨利四世需要请求格雷戈里七世取消对他的破门律才能保住皇位。在同意取消破门律之前，格雷戈里七世让亨利四世在城堡外的暴风雪地里跪了三天三夜。亨利四世的悔罪或道歉仪

---

① 破门律是教会的一种惩罚措施，包括开除教徒教籍、废黜教徒和放逐教徒。依照破门律，惩罚者在一年之内未取得教皇的饶恕，那么他的附庸者就要对其解除效忠。

式，让教皇在保存颜面，或彰显其威严的情况下赦免对他的破门律。

数世纪之后，德意志帝国首任首相奥托·冯·俾斯麦（Otto von Bismarck）用"去卡诺萨"来表达类似自愿屈尊受辱的意思。在对抗教宗庇护九世（Pope Pius IX）为首的天主教会文化斗争（Kulturkampf）中，俾斯麦拒绝这样做（诸位无须担心：我们不会去卡诺萨了）。现代社会的道歉仪式，则根据过失的严重程度，通过献上一束花或一盒巧克力来表达。

通过重新平衡受害者和冒犯者之间的关系，宽恕让我们的生活得以继续前行，让我们与冒犯者的关系得到修补及恢复，并且消除原本背负在我们身上的怨恨或内疚。此外，宽恕还会增强重要的亲社会原则和价值观，如相互尊重、个人责任和社会和谐。

宽恕是托尔斯泰（Tolstoy）的著作《战争与和平》（*War and Peace*）中的重要主题。玛丽亚公爵小姐（Princess Marya）宽恕了其父亲，伯爵小姐娜塔莎（Natasha）宽恕了欺骗自己的阿纳托里（Anatole Kuragin），而安德烈公爵（Prince Andrei）宽恕了背叛自己的爱人娜塔莎（Natasha），皮埃尔伯爵（Pierre）宽恕了勾引自己妻子的好友多洛霍夫（Dolokhov）。这其中，没有一样是容易做到的，但通过上升到宽恕，这些角色都能够得到升华，无论是针对他们自身，还是反映在读者的心里。相反，像罗斯托夫伯爵夫人（Countess Rostova）与尼古拉·保尔康斯基公爵（Prince Nikolai Bolkonsky）却因为无法做到宽恕，或无法请求得到别人的宽恕而耗费了人生，并最终被打倒。怨恨啃噬着他们，让他们迷失了生活的方向。

尽管如此，我们是否总是要做到宽恕？有些罪行，如谋杀至亲或至爱，就真的不值得宽恕。但即便是什么都可以宽恕，它也可能不符合最佳利益，尤其是在冒犯者没有弥补过错或弥补得不足时。在这些情况下，宽恕就相当于纵容，并因此会招致引起他人效仿的不良之风。而拒绝宽恕则会向冒犯者传达这样一种信息，让他们明白自己的行为不被接受，并迫使其重新考虑自己的态度。即便怨恨已经化解，拒绝宽恕也可能是明智之举，因为它可以保护道德，并且给冒犯者带来教训，或为了谨慎起见（例如，如果冒犯者本身具有暴力倾向）。因此，虽然化解怨恨是宽恕的重点，但宽恕涉及的远远不止这一点。

饶有趣味的是，像柏拉图和亚里士多德这样的古典思想家并不视宽恕为美德。他们也不推崇后来的宽恕概念，即把它作为化解正当的愤怒和怨恨的手段。对他们而言，从更宽泛的古典道德观来看，一个有德行之人是不会被小人所伤害的，因此也不存在宽恕的必要。在柏拉图的《申辩篇》（Apology）中，苏格拉底告诉陪审团，指控他的墨勒托斯（Meletus）和阿倪托斯（Anytus）不会伤害到自己：
"他们不能（伤害到我），因为坏人能伤害一个比他们更好的人，是不符合事情的本质的。"

在《尼各马可伦理学》中，亚里士多德表示，一个人的行为要么是自愿的，在这种情况下他们会得到赞赏或谴责；要么是非自愿的，在这种情况下他们应该被（最确切地说）原谅。重要的是，自愿的行为，从表面上看，绝大多数是不能原谅的，因为他们不是非自愿的，所以不可原谅。亚里士多德在《修辞学》中则表示在人们认为自己是罪有应得，或随着时间的流逝，实现了复仇等情况下，愤怒会得到平息。但显然，被但丁誉为"知者之王"的亚里士多德，完全未提及宽恕可作为一种补救的方式。

正如古典概念的"宽恕"一样，《圣经》中的宽恕也更多地涉及原谅，而非化解怨恨。希腊语"aphiemi"在《圣经》中有时被译作"饶恕"，其实质是指"放下或释放，就像债务或债券一样"。

在《圣经》中，浪子回头的寓言故事就很好地诠释了这些概念。话说从前有个男子，他有两个儿子。有一天，小儿子要求他分财产给自己（在《圣经》的伦理中，这等同于希望父亲死去）。之后，这个小儿子带着父亲给的财产远走高飞，用一句形象的表述来形容，就是他过上了放荡不羁、奢侈糜烂的生活。在耗尽财产之后，为了维持生计，他被迫当上猪倌。一贫如洗的他，竟然羡慕起猪能吃上豆荚了。饥饿难忍的他，最终只好灰溜溜地回到父亲那里，并请求给父亲当雇工。父亲没有唾弃他，反而搂住他的脖子，亲吻他，还大办宴席为他接风洗尘。大儿子得知后，来到宴席现场，指责父亲竟然宰了一头肥牛犊来迎接这个浪荡子。但父亲表示，大家就应该庆祝，"因为你这个弟弟是死而复生、失而复得啊！"

古典著作和《圣经》里关于宽恕的概念也许看上去不太恰当或不完整，但它们设法避开了用宽恕来化解怨恨的现代观念中存在的一个重要问题，即怨恨或那种本应化解的怨恨，本身就是不妥当的，这就导致宽恕失去了内在的道德价值。

《浪子归来》，意大利画家蓬佩奥·巴托尼（Pompeo Batoni）创作于1773年。收藏于维也纳艺术史博物馆。

且让我解释。如果人们没有自由意志，无法有效地掌控自己的行为，怨恨他们是没有道德意义的。但如果他们有自由意志，却行为失当，他们就活该遭受我们适度的怨恨。如果他们随后做出补救，我们再怨恨就不合适了，宽恕也就不费力气。但如果他们不进行补救，怨恨仍旧是正确的或道德的回应：因为倘若在那些情况下宽恕他们，就意味着我们的怨恨是不合适的或过度的，因此是邪恶的。

宽恕的现代观念从根本上而言就是有瑕疵的。我们不是要学会宽恕，而是要学会恰当地怨恨，并且在某些情况下，学会原谅。

20. 共情

empathy

1909 年，英国心理学家爱德华·铁钦纳（Edward Titchener）将德语"Einfühlung"（感受）译作英语"empathy"（共情）。当时，德国哲学家在艺术和美学的情景下讨论共情，但铁钦纳认为共情也能让我们识别有思想的人。今时今日，共情可以定义为某人能够识别和感受他人、虚拟角色或情感生物的情感的能力。共情涉及两个方面：（1）从他人的角度看待其处境；（2）与他人感同身受，包括感受其悲伤。

我认为，理解他人的观点，只是把自己代入对方的位置或处境是不够的。相反，我必须进一步深入，把自己想象成对方，不仅如此，还要想象自己正处于对方所在的处境，并从对方的视角来看待该处境。一个人不能与某种抽象或剥离主体的感受产生共情，而只能跟某个特定的人产生共情。要与某人产生共情，我至少要对对方是谁，以及其正在做什么，或打算做什么有一些了解。我至少要对对方从哪里来，到哪里去有一些了解。

共情通常会与怜惜（pity）、同情（sympathy）和怜悯（compassion）混淆，它们都是人们对他人遭受苦难的反应。我们依次来分析每个词。怜惜是对某个或某些情感生物遭遇的困境感到不适，通常是强者对弱者的一种同情。怜惜的概念暗示苦难者不应该遭受这种不幸，而这种不幸是他们无法防止、逆转或推翻的。怜惜的情感程度比同情、共情或怜悯要弱一些，最多相当于他人有意地了解了苦难者的困境。

同情（希腊语"fellow feeling"即同感；"community of feeling"即情感共同体）是指一个人对某人，通常是与自己亲近的或有关联的人的关怀和关心之情，并且伴随着希望看到对方变好的心愿。相比怜惜，同情预示着主体与苦难者具有更大程度上的共同点及有更深的个人感情投入。但与共情不同，同情不涉及与苦难者在见解和情感上的共情，当同情某人时，一个人脸上可能表现出关怀和关心的表情，但不会表现出与苦难者一样的悲痛感。同情与共情经常互相转化，但不会总是这样。例如，我们可能会同情一个刺猬，但严格来说，不能说我们与刺猬产生了共情。相反，精神变态者对受害对象毫无同情心，却能利用同理心诱使和折磨他们。同情也要与仁爱加以区分，仁爱是一种更超然的、公正的和个人的态度，就像我会对我的学生或邻居展现仁爱之心，或君王会对其子民表达仁爱之意一样。

怜悯，或是"与某人一同遭受"，比纯粹的共情投入的感情更多，并且经常伴随着要减轻苦难者的不幸的殷切心愿。共情，是我与你感同身受；而怜悯，是我不仅与你感同身受，我还要将你的感受上升到普遍和超越的体验。怜悯，基于共情，是利他主义的一个主要动机。

我的朋友含泪对我倾诉，她在幼年时期曾遭到父亲的性虐待。我十分同情她的遭遇，便试图安慰她："我懂你的感受。"让我大为惊讶和震惊的是，她竟然激烈地反驳我："不！你根本不会懂我的感受！你怎么可能懂？！"

注意，我朋友在断言我不可能懂她的感受时，她在暗示她懂我的感受——或者，至少无论我有什么感受，都不是跟她相同的感受。但如果她所断言的是对的，即我不可能懂她的感受，那她又如何会懂我的感受？或者知道我的感受跟她不同？

道教学派的两大经典著作之一 ——《庄子》，就提出过类似的悖论。

庄子和惠子一道在濠水的桥上游玩。庄子说："儵鱼在河水中游得多么悠闲自得，这就是鱼儿的快乐呀。"惠子说："你又不是鱼，怎么知道鱼的快乐？"庄子说："你又不是我，怎么知道我不知道鱼儿的快乐？"惠子说："我不是你，固然不知道你的想法；你本来就不是鱼，你不知道鱼的快乐，就是可以完全确定的。"庄子说："请从我们最初的话题说起。你说'你又不是鱼，怎么知道鱼的快乐'，既然你已经知道了我知道鱼的快乐却又问我，所以我说我是在濠水的桥上知道的。"

共情建立于"心智理论"（Theory of Mind）[①] 的基础上，是指个人的理解基于人与人之间的差异性，不同的人从不同的角度看待事物，并拥有不同的信念、欲望、敏感性等的能力。"心智理论"是人与生俱来的（正如庄子从濠水的桥上就看出鱼的快乐），人类在 4 岁左右就开始表现出这种心智。随着年岁的增长，人类的心智会继续发展，并且可以在广度和准确性方面进行培训。更重要的是，"心智理论"能让我们推断他人的意图，解释和预测他人的行为。

有假设认为，"心智理论"的神经基础存在于"镜像神经元"中。当我们做出过某种特定行为，并观察到他人也做出和我们一样的行为时，"镜像神经元"就会被激活。该神经元会反射他人的行为，让它变成我们自己的行为，作为我们自己的行为时，我们就能够以类推的方式推测他们的信念、情感和欲望。

———————————

① 心智理论(Theory of Mind)是指个体理解自己与他人的心理状态,包括情绪、信仰、意图、期望、思考和信念等,并藉此信息预测和解释他人行为的一种能力。

～

从进化论的角度来说，共情是一种进化选择，因为它能促进亲代养育、社会依附以及亲社会行为，更进一步说，促进邻近物种的生存。通过推动社会互动、壮大集体事业、资源再分配、教学相长、故事叙述和其他艺术形式的发展，共情增强了一个社会及其成员的力量、稳定性及复原力。

共情使我们能预判他人的行为和反应，并且能根据他们的需求做出快速、准确的反应。同时，共情并非完全融入对方：因为共情保持一定的超然状态，它提供某种程度的距离，让共情者能从第三视角对苦难者做出道德的或规范性的评价，并且权衡他们的最佳利益。

也就是说，共情会歪曲我们的判断，让我们违背道德原则，去偏袒某个或某些人而对他人造成不公。共情也可能是令人痛苦或倦怠的。例如，医护人员被痛苦的人包围着，他们会倾向于抑制或规范自己的共情能力，这并非因为麻木不仁或漠不关心，而是防止出现同情疲劳及精神崩溃。

但在压力相对较小的环境下，共情通常是有益的，甚至是鼓舞或振奋人心的。能够与患者共情的医护人员，如果他们的休息和休养未受到影响，就更有可能在工作中获得满足感，更不用说对患者本身的利益了。

21. 爱

love

"爱"（Love）这个词的含义随着时间的推移，已发生了改变。现今，我们谈到爱时，习惯指爱情。但如果你仔细观察，你会发现爱情在66卷的《圣经》中几乎没有被提及。

《圣经》中两则最伟大的"爱情"故事无关丈夫和妻子，甚至无关男人和女人，而是关乎男人与男人、女人与女人：大卫（David）和约拿单（Jonathan）这对情同手足的莫逆之交，以及内俄米（Naomi）与路得（Ruth）这对感情犹胜母女的婆媳。而且，《圣经》中所有的爱都是关于上帝的爱，对配偶的爱，对他人的爱，都归于上帝的爱。

在画作《奉献以撒》（*Sacrifice of Isaac*）中，亚伯拉罕（Abraham）对上帝的爱超越了他对儿子以撒（Isaac）

的爱。他愿意献祭自己的儿子，也无非是出于遵从上帝的命令。

《奉献以撒》，出自意大利画家卡拉瓦乔（Caravaggio），创作于1603年。收藏于佛罗伦萨乌菲兹美术馆。

在古典和中世纪时期，人们当然也会陷入爱情，但他们不认为爱情可以在某种意义上让他们得到救赎，正如我们当代人的想法一样。在荷马的史诗《伊利亚特》（*Iliad*）中，斯巴达国王墨涅拉俄斯（Menelaus）的王后海伦（Helen）与特洛伊城王子帕里斯（Paris）私奔，从而掀起了特洛伊战争。海伦与帕里斯都不认为他们之间的爱情是纯洁、高贵或值得赞赏的。

但是数世纪以来，这种神圣的爱从上帝那里渗透出来，变成爱情，并取代了日渐式微的宗教，给我们的生活赋予了意义。人们曾经是爱上帝的，但现在他们爱的是爱：不仅是爱他们的爱人，人们还爱上了爱本身。

出于对上帝的爱，亚伯拉罕奉献了自己和儿子。但在浪漫主义时期，即大约是美国革命（1775—1783年）和法国大革命（1792—1802年）期间，爱的发展方向却恰恰相反：爱成为个体寻找和证明自我，赋予人们生活质量、质感和稳定性的一种方式。类似的例子有歌手 Sylvester 于1978年推出的经典歌曲 *You Make Me Feel* (*Mighty Real*)、电影《天堂电影院》片尾的亲吻情节，以及无数其他流行歌曲和影视作品。

"寻找自我"需要进行多年耐心的灵修。但经过法国大革命后，爱情可以救赎每个人，无须他们付出任何努力或代价。被救赎纯粹成了一种运气。

如果爱是一个随着时间的推移而发生意义改变的词，它也是一个多义词。爱指向一系列有区别的概念，不同概念之间只具备"家属的相似性"。

与英语不同，古希腊语有数个关于爱的表述，让人们能够更清楚地区别不同种类的爱。例如，"eros"涉及性爱或激情的爱，"philia"涉及友谊，"storge"指家人之间的爱，以及"agape"指普世大爱，比如对陌生人、大自然或上帝的爱。

拥有更多关于"爱"的词汇能够让我们从新颖和不同的角度来思考和谈论爱。例如，我们可以说，人们在恋爱早期通常认为爱情是无条件地付出，最后却发现原来爱情无非是自己对肉欲与爱欲的需要和依赖，当然，如果幸运的话，人们也许还能在一段恋爱关系中找到成熟、深厚的友谊。

但如果我们要理解"爱"的深层含义，就必须揭开所有这些不同爱的种类之间有什么共通点。换句话说，是什么把爱欲、友谊、家人之爱和大爱串联起来的？

我认为，所有这些爱的种类背后的共通点是超越自我，去触及那些能够赋予我们的生活质感和意义的事物，同时，将这些事物融入我们的内在，无论是拥抱、爱的印记，还是圣餐礼仪中的面包和酒。

爱是一种天性力量，让我们跨越自身与世界的界限，就像龙虾蜕壳一样，卸下我们的"外壳"，蜕变成长——这也是为什么没有爱的人会如此渺小。

22. 亲吻

kissing

亲吻并不是人类的普遍行为，时至今日，还有一些文化不存在这种习性。这意味着亲吻并非如我们所想象的那样，是本能的或与生俱来的。

有一种可能是：亲吻是一种由"亲吻喂养"发展而来的习得性行为。在某些文化里，母亲将食物咀嚼后用嘴对嘴的方式投喂孩子。至今还有一些土著文化流传着"亲吻喂养"，但不存在社交性的亲吻。

还有一种可能是：亲吻是一种由文化决定的修饰行为，或者至少在带着情欲的热吻中，它是交配行为的一种表现、代替和补充。

不管情况如何，亲吻并非人类特有的行为。倭黑猩猩等灵长类动物也会频繁亲吻同类，猫狗等动物也会舔舐同类以及其他物种，甚至蜗牛和昆虫也会触摸彼此的触角。

这些动物也许并非在亲吻，实质是在帮对方做梳理清洁、嗅对方的气味或与对方交流，但即便如此，这些行为也代表并增强了双方的信任和亲密关系。

古印度的吠陀文献（*Vedic texts*）就讨论过亲吻，此外，公元2世纪的印度古老经典《印度圣经》（*Kama Sutra*）也用了一整个章节来讨论亲吻的形式。有些人类学家推测，亚历山大大帝在公元前326年侵略印度时，希腊人从印度学到了情欲亲吻。但这并不一定意味着情欲亲吻来源于印度，或事实上，它早在吠陀文献之前就已经存在了。

在公元前9世纪的《荷马史诗》中，特洛伊老国王普里阿摩斯（Priam）亲吻杀子仇人阿喀琉斯（Achilles）的手，恳请他归还儿子赫克托尔（Hector）的遗体：

> 阿喀琉斯，你要敬畏神明，怜悯我，想想你的父亲，我比他更可怜，忍受了世上的凡人没有忍受过的痛苦，把杀死我的儿子们的人的手举向唇边。（荷马史诗《伊利亚特》，第24卷，译者：罗念生）

在公元前5世纪的著作《历史》（*Histories*）中，作者希罗多德（Herodotus）谈及了波斯人之间的亲吻。人们与相同社会等级的人见面会亲嘴，而与比自己地位低的人见面则亲吻脸颊。他还记录，由于希腊人会进食在埃及人眼中很神圣的母牛，因而埃及人拒绝亲吻他们的嘴。

亲吻也出现在《旧约全书》(*Old Testament*)中。雅各(Jacob)伪装成哥哥以扫(Esau)亲吻了他们的盲人父亲以撒(Isaac),夺走了属于哥哥的福分。另外,在歌颂性爱的《雅歌》(*Song of Songs*)中,一个爱人这样乞求:"愿他用口与我亲吻,因你的爱情比酒更美。"

在罗马人统治时期,亲吻变得更加普遍。罗马人亲吻他们的伴侣、爱人、家人、朋友以及统治者。他们将亲吻分成三种类别:亲吻手、脸颊(osculum),亲吻嘴唇(basium),深情、热烈的接吻(savolium)。

罗马诗人如奥维德(Ovid,卒于约公元 17 年)及卡图卢斯(Catullus,卒于约公元前 54 年)也歌颂亲吻,例如,在卡图卢斯的《歌集》第 8 首中,就有关于亲吻的描述:

永别了,姑娘!卡图卢斯决心已定,

他不会再找你,徒劳地盼你垂青。

可是你会受苦的,再没人向你献殷勤。

小妖女,你惨了!怎样的生活等着你?

谁还会亲近你?谁还会顾念你的美?

谁还会做你的爱人?你还能属于谁?

你还能把谁亲吻?你还能咬谁的唇?

可是卡图卢斯啊,你一定要顽强、坚忍。

罗马人的亲吻还发挥一系列的功用,涉及政治、法律,到社交，再到情欲层面。在亲吻国王时，罗马公民的等级决定了他们能亲国王的身体部位，按照从高到低的次序，由脸颊到脚。婚礼上，新人在众人见证下接吻，这种罗马习俗流传至今。

自从罗马没落、基督教兴起后，亲吻的习惯就改变了。早期的基督徒在与人会面时经常会给对方一个"神圣之吻"（holy kiss）问候对方，代表灵魂的交流。拉丁语"anima"既指"呼吸"，又指"灵魂"，正如"animus"（思想）一样，源自原始印欧体系的词根"ane-"（呼吸、吹）。虽然圣彼得（St Peter）谈及"慈爱之吻"（kiss of charity）以及圣保罗（St Paul）谈及"神圣之吻"（holy kiss），早期基督教派在每年濯足星期四（耶稣受难节）不能有亲吻行为，因为这天是耶稣门徒犹大用一个亲吻背叛耶稣（称作"犹大之吻"①）的日子。在教堂之外，亲吻则可以巩固社会等级和秩序，例如，臣民亲吻国王的衣袍，以及亲吻教皇的拖鞋或戒指。

罗马覆灭后，浪漫亲吻似乎消失了数百年，直至 11 世纪宫廷爱情的兴起后才重现。罗密欧与朱丽叶的亲吻是这场缓慢运动的象征，它试图将爱情从家庭以及更广泛的社会束缚中挣脱出来，歌颂追求自由、自我做主及具有颠

---

① 犹大之吻是指耶稣的门徒犹大以亲吻耶稣为暗号，让痛恨耶稣的祭司、长老、士兵认出耶稣，并将其逮捕。犹大之吻后来指代看似友好，实则包藏祸心的行为。

覆性力量的浪漫爱情。

这对恋人的悲惨命运提醒我们，这种无拘无束的放纵并非毫无风险。它可能是"吸血鬼的亲吻"，是危险的信号——如果亲错了对象，它将威胁健康、等级、名誉、前景和幸福。

23. 笑

laughing

引起我们发笑的情境有很多，但在内心深处，我们发笑无外乎以下 7 个理由中的任何一个（有时是多个）。

我们发笑的原因包括：

1. 自我感觉良好。当在约会网站或软件上寻找心仪对象时，我们通常会要求对方有幽默感，或承诺自己有幽默感。今时今日，我们认为笑是一件美好的事情，但在历史上却并不总是这种情况。特别是教会曾把笑贬为一种腐败、破坏性的力量，数世纪以来，修道院也禁止笑。这种认为笑不是一种德行的观念，在笑的"优越论"（superiority theory）中得到回应，该理论认为笑是抬高自己，贬低他人。"优越论"与英国哲学家托马斯·霍布斯（Thomas Hobbes）的关系最为紧密。他认为笑是我们将自己的长处与他人的短处，以及自身过往的不足对比后，突然发现自己的某些优势而产生的荣耀感。试想中世纪暴徒是如何嘲笑戴颈手枷示众的犯人的，或者我们这个时代的整蛊类真人秀节目。

2. 缓解压力和焦虑。很明显，优越论并不能解释所有类型的笑，例如由放松、惊喜或喜悦引发的笑。笑的"释放论"（relief theory）经常与奥地利心理学家西格蒙德·弗洛伊德（Sigmund Freud）联系在一起。他认为笑是被压抑的神经能量的释放。正如梦境一样，笑是不能自禁的，这能够让某种压抑的情感，如仇外心理（或至少与被压抑的神经能量相关的情感）自然浮现，这也解释了为什么我们有时会为自己的发笑感到尴尬。同样地，喜剧演员可能会通过唤起一些激昂的情感，如崇拜或愤慨，来引人发笑，但随即把唤起的情感扼杀。虽然"释放论"相比"优越论"更为灵活，但它依旧无法解释所有情境下的发笑，例如那些听到带有攻击性质的玩笑时，笑得最厉害的人，通常不是最压抑的人。

3. 保持真实。当下更为流行的是笑的"失谐论"（incongruity theory），在这方面，伊曼努尔·康德（Immanuel Kant）和祁克果（Søren Kierkegaard）提出了相关的理论，即喜剧演员不是通过唤起某种情感，再扼杀这种情感来引人发笑，而是通过创造一种期待，然后违背这种期待来引人发笑。祁克果基于亚里士多德的理论，认为违背期待不仅是喜剧也是悲剧的核心——不同点在于在悲剧中，这种期待的违背会给人带来痛苦或伤害。也许，我们不是享受这种失谐，而是它所反映出来的，我们头脑中所构想的和外界之间的反差。可以说，失谐论比释放论与优越论更为基本。当某人发笑时，我们习惯去寻找一种失谐，虽然我们也因为优越和释放而发笑，但即便如此，如果我们将自己的笑归为某些真实或想象的失谐，也是可以的。

4. 社交功用。根据法国哲学家亨利·柏格森（Henri Bergson，卒于 1941 年）的观点，我们习惯陷入固定的框架和习惯，从而变得思想僵化，迷失自我——笑是我们指出彼此这些弊病的方式，也是我们作为社会集体的一分子提高社交能力的方法。例如，我们会嘲笑某人因失神而掉进洞穴，或者嘲笑某人不断重复同一手势或话语。反过来，我们也会嘲笑一些不寻常或违背常规的行为，例如当我们打破某个习惯或产生了某个创意时。柏格森表示，结果，当我们变成一件"机器"或"物件"，当我们缺乏自我意识，当我们无法自视而别人却能看见我们时，我们就会变得很可笑。这样，别人的笑就会引起我们对自我无意识过程、自我欺骗模式，以及自我想象和现实之间的差距或鸿沟的注意。这种差距在诗人和艺术家身上体现得最不明显，因为如果他们要做到名副其实，就必须超越自我。

5. 安抚他人。理解笑的另外一种方式是用生物学家和人类学家的思维来看待它。人类幼婴早在学会讲话之前就会发笑。从进化论角度来看，笑所涉及的大脑部位远比语言中枢要古老，并且在这方面人类跟动物拥有共同的特点。

尤其是灵长类生物，在互相挠痒、打闹或玩追逐游戏时，就会发出笑声。正如人类幼童一样，他们的发笑看上去就是一种信号，即危险并非真实存在——这也许是为什么像《蝙蝠侠》电影中的小丑这类呲牙咧嘴的角色在发出诡异的笑声时，会令人感到如此不安。

6. 充当沟通用途。直至今日，大多数的发笑都不是指向笑点本身，而是为了制造和维持社交关系。幽默是一种社交"调和剂"，代表着满意、接受和归属感。不仅如此，幽默还是实现沟通、强调某种见解，或传达某种敏感信息却不必付出社交成本的一种手段。同时，幽默也可以充当一种武器，是进攻、服务的升华形式，就像雄鹿的鹿角，是用来摆架子，或吸引配偶的。幽默的微妙和含糊特质本身就是激发兴奋感的无限来源。

7. 超越自我。笑本身始于开玩笑或嬉闹，但现在它已经起到了一系列其他的功用。禅师教导，当我们超越自我时，自嘲就变得更加容易。笑的最高境界就是对自我毁灭的回应。它是传达一种收获（及启迪）的见解，是代表我们超越了自我和生命，是传递一种永生和神圣的信念。例如，当南希（Nancy）躺在临终病床上醒过来时，看到家人们都围绕在自己身边，她打趣地说："我是快死了吗，还是我今天过生日？"

今时今日，笑只能给我们带来一小部分宗教曾经发挥的作用。

24. 自尊

self-esteem

"Confidence"（自信）源自拉丁语"fidere"，即
"信任"。有信心是指信任、相信这个世界。自信则是信
任、相信自己，尤其是相信自己能够成功地或至少妥当地
应对世上的各种问题。自信的人能够抓住机遇、迎接新挑
战、直面各种困难、接受有建设性的批评，以及出现问题
时勇敢承担责任。

正如要体验成功，自信是基础；相对地，自信的基础
也源自成功的体验。虽然任何成功的体验都会给我们带来
自信，但我们可能在某些领域具备高度自信，如跳舞、骑
马等，而在其他领域却毫无自信，如烹饪、在公开场合发
言等。在缺乏自信时，勇气能取而代之。如果自信对应的
是已知的事物，那么勇气对应的则是未知、不确定和令人
恐惧的事物。如果我没有在深水中站立的勇气，我永远都

无法成为自信的游泳者。勇气比自信更高尚，因为它要求更强大的力量和更多的努力，勇者才是具备无限潜能的人。

自信和自尊经常是相辅相成的，但它们并非同一样东西，尤其是一个人可能具备高度的自信，却拥有极低的自尊，正如很多表演者和名人就是这种情况，他们在工作时自信洋溢，在幕后却痛苦挣扎。自尊源自拉丁语"æstimare"（评价、评估、评定、衡量、估计）。自尊是我们认知层面的，尤其是对我们自身价值的情感评估。不仅如此，它还是我们思考、感受和行动的基础，反映并决定我们与自身、他人以及世界的关系。

拥有健康自尊的人无须借助外在事物如收入、地位或名声来支撑自己，也无须依仗酒精、药物（当这些东西变成了一种依附时）。相反，他们尊重自己，照顾自己的健康，关注社区和环境。他们能够完全投入各种事务中，与他人坦然相处，因为他们无惧失败或被拒绝。当然，他们也像每个人一样，会受伤害、会失望，但这些挫折无法伤害也无法摧毁他们。由于他们具有极强的抗逆力，他们对他人及各种可能性保持开放态度，敢于面对风险，容易感受喜悦和乐趣，接受并宽恕他人及自身。

把自尊与傲慢及自大进行对比很有启发性。如果自信是"我能"，自尊是"我是"，那么傲慢则是"我做到了"。感到自豪是指个人对自身过往的美好行动和成就感到愉快。这与自大无异，即出于内心的渴求和空虚。"Arrogance"

源自拉丁语"rogare"（寻求、提出），即"自我宣称或断定"。自大的人要求、实质也需要持续不断的自我肯定和自我安慰，这也是他们喜欢自吹自擂、标榜优越感和容易愤怒，以及抗拒从自身的错误和失败中吸取教训的原因。与之形成鲜明对比的是，一个拥有健康自尊的人不会通过贬低他人来抬高自己，而是带着快乐和谦卑的心态，沉着行事，满足于存在本身的奇迹。这再清楚不过了：自大不是过度自尊的结果，而恰恰是缺乏自尊的表现。正如不存在过度的健康或勇气一样，所谓过度的自尊也不存在。相反，谦卑并不等于低自尊，甚至与之毫不相关。谦卑的人明白，生活除了他们自身，还有更多值得关注的东西，这是最高级、最健康的自尊。

当然，并非所有低自尊的人都是自大的，大多数人都是默默地忍受着煎熬。与拥有健康自尊的人不同，低自尊的人倾向于与世界为敌，并以受害者自居。这样一来，他们抗拒为自我发声、维护自我，从而错失了很多经验和机会，并且无力改变现状。所有这些进一步贬低了他们的自尊，让他们陷入恶性循环。我的观点是，每个人天生都具备健康的自尊，是生活经验让我们的自尊被肯定或被削弱。低自尊通常根源于童年创伤，例如长期与父母分开、被忽视或遭遇虐待。在往后的生活中，种种因素如健康问题、消极的生活遭遇（如离婚、失业、不正常的人际关系、社会孤立或被歧视，以及缺乏掌控感等）都会使人的自尊受损。

低自尊与精神障碍问题之间的关系很复杂。低自尊容易导致精神障碍，精神障碍反过来也会令自尊受创；同时，低自尊也是精神障碍的一种表现，这样一来，二者之间就出现因果难分的复杂局面。

~

那么，自尊的秘诀是什么呢？许多人发现建立自信比建立自尊更容易，并且将两者混为一谈，最终把一切归功于一长串的才能和成就。他们并未正视实质的问题，而是通常一辈子躲在他们的证书和功名背后。但每个念过大学的人都很清楚，种种才能和成就并不能换取健康的自尊。当这些人努力追求功名，希望有朝一日功名足够多时，他们其实是试图用外在的东西如地位、收入和财富等来填补内心的空虚。试着贬低他们的地位、批评他们拥有豪宅或豪车，然后观察他们的反应，你会发现你贬低和批评的是他们自身。

类似地，试图用空泛、不妥当的赞美来提升孩子（这种做法越来越多地针对成年人）的自尊是毫无用处的。孩子固然不太可能被愚弄，但他们的努力会被抑制，从而无法培养真正的自尊。这是一种怎样的努力呢？当我们为自身梦想和承诺而活时，我们会感到自己在成长；当我们失败了，却清楚自己已经尽力时，我们会感到自己在成长；当我们捍卫自己的价值观，并能面对后果时，我们会感到自己在成长。这就是成长的根本所在。成长取决于我们为自身理想而活，而不是取决于父母的期待、公司的目标，或任何不真正属于我们自己，甚至违背我们自身意愿的东西。

哲学先贤苏格拉底就是一个光辉的榜样，他勇敢地为自己的理想而活，并最终英勇地为之献身。在辨别、确定、领悟和掌握现实本质方面，他始终保持清醒的头脑，从未迷失信念。他也从未为了自欺欺人和混沌的卑微生活而向真理和正直妥协。在不屈不挠地寻求物质与思想、事实与想法一致的过程中，他始终忠于自我、忠于世界。正是如此，他直至今日还"活在"这句话中，以及数百万句其他关于他的话语中。苏格拉底不仅是最伟大的哲学家，还是这个梦想活生生的代表：哲学有一天将会彻底解放我们。

25. 惊奇

wonder

在柏拉图的哲学著作《泰阿泰德》（*Theætetus*）中，苏格拉底向年轻的泰阿泰德提出了一系列矛盾重重的难题。

这是他们之间的对话：

苏格拉底：泰阿泰德，你一定跟得上我的意思，因为我认为你在这些方面不是毫无经验。

泰阿泰德：诸神在上，苏格拉底，我对这些方面感到十分惊奇。审视这些东西，有时候真的让我头晕。

苏格拉底：小伙子，塞奥多洛对你的天赋显然没有猜错。因为"惊奇"这种经验确实是爱智者（哲学家）特有的。除了惊奇之外，哲学没有别的开端，而且那个说伊里斯（Iris）是陶玛斯（Thaumas）所生的人做了一

个不算太差的神谱。[①]（《泰阿泰德》第2章，译者：詹文杰）

在亚里士多德的哲学经典《形而上学》（*Metaphysics*）中，他推测一定是惊奇将第一批哲学家引向哲学，因为疑惑者认为自己是无知的，并且为了避免无知而转向哲学。意大利神学家阿奎那认同此观点，并在对《形而上学》的评论中补充道："因为哲学源于惊奇，哲学家注定要成为神话和寓言诗的爱好者，诗人和哲学家的思想中都充满了惊奇，在这方面他们很相似。"

如果柏拉图、亚里士多德及阿奎那都将哲学乃至科学、宗教、艺术，以及所有其他超越世俗的事物都归根于惊奇，那么我们理应询问，究竟什么是惊奇？

惊奇是一种复杂的情感，涉及惊讶、好奇、沉思与喜悦等元素。它可以被认为是一种高亢的意识和情感状态，是由某些美妙、罕见和出乎意料的事物，通常是超乎寻常的奇迹（marvel）所激发发而来。"marvel"源自拉丁语"mirus"（惊奇）以及"mirabilia"（奇妙的事物）。"admire"（仰慕）与其同词源，原意是"对……感到惊奇"，尽管在16世纪后这层含义已经被削弱，也有人说，连同惊奇本身

---

① "Thaumas"（海神陶玛斯）与"thauma"（惊奇）同词源。彩虹女神伊里斯向凡人传达众神旨意，代表智慧，并与哲学高度一致。把彩虹女神称作海神陶玛斯的女儿，意在表达哲学始于惊奇。

的含义也一起被削弱了。阿奎那将哲学家和诗人视为一体，因为他们都是被奇迹打动，从广义上讲，诗歌的目的是记录，以及在某种意义上是再创奇迹，启发惊奇。

惊奇与敬畏的含义最为接近，但敬畏更明确地指向一些比我们自身更伟大或更强大的东西。与惊奇相比，敬畏更多地涉及恐惧、崇拜或崇敬之意，而非表达喜悦之意。如果失去这种崇拜或崇敬，敬畏就只剩下恐惧，那就不再是敬畏，而是恐惧。敬畏比惊奇更为主观，允许个人对敬畏的对象进行更高层次、更自由的思考。

壮丽景观、自然现象、人类才华和体力壮举、超乎寻常的事实和数字等都会激发人们的惊奇之心。人们在感到惊奇时，通常会瞪大眼睛，有时还会张大嘴巴，屏住呼吸。惊奇将我们从自身抽离出来，让我们与比日常琐碎更重大的事物重新连接。这是归本溯源，让我们回归最初的地方，曾经我们差点迷失了自我。

但请留意这种惊奇是如何区别于另一种更抽象的惊奇的，即把泰特托斯带向哲学的那种惊奇。哲学家的惊奇也称作苏格拉底式的惊奇，与其说这是一种带着敬畏的惊奇，还不如说它是一种带着困惑或疑惑的惊奇。苏格拉底式的惊奇并非看到壮丽景观等非同寻常的事物而产生的，而是源自思想与语言的冲突，并且会促使或甚至迫使我们去研究这些冲突，希望能够解决问题。来重温这段话：

泰阿泰德：诸神在上，苏格拉底，我对这些方面感到十分惊奇。审视这些东西，有时候真的让我头晕。

苏格拉底本人就是被德尔斐神谕（Delphic oracle）[1] 所困惑后才接触哲学的，尽管苏格拉底自认无知，神庙女祭司却称他是最有智慧的人。为了寻找这个冲突表象背后的根源，苏格拉底寻遍城中众多自认为是智者的雅典人，并验证他们的智慧。结果，针对每个人他都得出同样的结论："我似乎比他更有智慧一点，因为我不认为我知道自己不懂什么。"

在接近敬畏的含义时，惊奇是一种普遍的体验，幼童（想象一个小孩在看马戏或在逛动物园的情景），以及甚至一些高等灵长类动物和其他动物都会产生这种体验。相反，苏格拉底式的惊奇则要高深莫测得多。正如苏格拉底称之为"哲学家的感受"，就预示着它并非人人具备的。

弗朗西斯·培根（Francis Bacon）在他的著作《学术的进展》（*Advancement of Learning*，1605年）中称苏格拉底式的惊奇为"突破性的知识"，当然，在某种意义上，惊奇可能与德语"Wunde"（伤口，wound）同源，即打破我们自身的局限，打开我们通向外界的大门。这种打破的缺口需要填补或修复，不仅是通过哲学，也通过科学、宗教和艺术，产生第三种，甚至是比其他更高尚的一

---

[1] 德尔斐神谕 (Delphic oracle)，是指3000年前刻在希腊德尔斐神庙阿波罗神殿门前的三句箴言："认识你自己""凡事勿过度""妄立誓则祸近"。

种惊奇，即洞察力和创造力的惊奇。

正如柏拉图和其他哲学家一样，英国哲学家阿尔弗雷德·诺思·怀特海（AN Whitehead，卒于 1947 年）也认为"哲学始于惊奇"，不过他补充道："最终，当哲学思想达到最佳境界时，惊奇依旧存在。"惊奇不仅一直存在，还会成长。正如开普勒行星运动定律（Kepler's laws）或元素周期表这类科学突破，它们往往比科学家原本打算解决的困惑要奇妙得多。宗教建筑和仪式让我们感到自身的渺小和微不足道，同时又拔高、启发我们。惊奇孕育文化，文化孕育更多的惊奇，惊奇的尽头是智慧，是一种永恒的惊奇状态。

悲哀的是，许多人逃避惊奇，因为他们害怕惊奇会令他们分心，让他们脱离正常轨道，毕竟惊奇会令人受伤。"thauma"（惊奇）与"trauma"（创伤）只差了一个字母。惊奇也意味着游离，偏离社会及其规则与结构，意味着孤单、自由——这当然是极具颠覆性的，也是为什么连宗教组织都要与惊奇划清界限。为了避免惊奇带来的恐惧，人们把惊奇看作一种幼稚、自我放纵的情感，是需要戒除的，而非值得鼓励和培养的情感。

事实通常就是如此，孩子们本来充满了惊奇，却因为种种需求，或过分的恐惧而失去了惊奇之心。今时今日，大多数年轻人念大学也不过如此，他们不是为了解惑或甚至学习，而是为了得到一纸证书，以追逐高薪厚职——完全绕过了惊奇和智慧。

26. 出神

ecstasy

"Euphoria"（狂喜）是希腊语，意为"很好地承受"，指的是一种夸张的高涨情绪，尤其是一种过度的情感表现。这种高涨情绪在现实生活中不常见，但能够被某些事物或体验所激发，如某种重大的胜利、美好的事物、艺术、音乐、爱、生理兴奋及锻炼等。它也是躁郁症及其他一些精神障碍和神经失调问题的症状。

狂喜的巅峰状态就是出神（ecstasy），该词源自希腊语"ex stasis"，字面解释是"超脱自我状态"。出神是一种沉醉的状态，在该状态下，意识的对象是如此令人心醉沉迷，以至于意识主体完全融入意识对象中。物理学家阿尔伯特·爱因斯坦（Albert Einstein，卒于1955年）称之为"神秘的情感"，并视之为"人类所能达到的最美妙的情感""所有艺术和真正科学的起源"，也是"真正的宗教情感的核心"。

人类的一些文化，将出神诠释为神的附体或启发，或人类与神的沟通。许多传统通过冥想、醉酒或祭祀舞蹈等方式来达到宗教的出神或"启蒙"。古代的例子包括埃及的醉酒节（Festival of Drunkenness），希腊的神秘宗教，如酒神狄奥尼索斯秘仪（Dionysian Mysteries），以及自然女神西布莉崇拜（Cult of Cybele）。

但即便没有宗教信仰的人也能体验到出神，当今最常见的情形就是"意外"，或是可能在某个酒吧或某场狂欢派对上，无神论者及不可知论者能够体验到最深入的宗教出神，而无须卷入任何一个特定宗教的烦琐和复杂仪式之中。

出神状态很难描述，部分是因为它相当不寻常。当一个人处于不活动期间，尤其是在非惯常性的不活动期间，或是处于新鲜、不熟悉或不寻常的情境当中时，"意外"的出神最可能发生。出神被认为是一种难以言喻的喜悦，以及人生发生重大改变的首个篇章。在出神期间，人们会进入一种忘我的状态，这种状态可维持数分钟至数小时。在这期间，他或她会感到一种强烈的平和与安宁，还可能泪流满面、反应迟钝，甚至失去知觉。

我的一个朋友在飞往马尔代夫的阿联酋航班上，首次体验了出神。当时，太阳从印度洋上徐徐升起，光线挥洒进冷清寂静的机舱里，他的耳机里传来了诵读《古兰经》的声音。

太阳从海上升起

他这样形容这种感觉：

就好像我获得了生命的圆满，但不仅是这样，是所有的生命，以及生命本身都获得了圆满。它把所有的事物都纳入一种视角下，并且赋予其所有的统一、目标和崇高……它彻底地改变了我。至今，我所做的每一件事，更重要的是，我不做的事情，都是基于那种视角和那种现实……它就像在我脑海中开辟了一条充满光和生命的通道。我变得更加敏锐和精力充沛，并且经常体验到这种感觉的"余震"。即便是最微小的事物都能够激发我的这种感受：鸟儿啾啾的声音、照射进屋子的一缕阳光、朋友脸上稍瞬即逝的细微表情，或会突然让我感觉到"我正活着!"的任何事物。

出神能够带来一种或多种顿悟。顿悟或"灵光一现"可以定义为一种突然的、震撼人心的洞察力或领悟，尤其是原始、深刻的那种。例如，我的朋友告诉我，当他意识到简历带给自己的任何东西都不值得拥有时，他就把简历撕毁了。在梵语中，"顿悟"被称作"bodhodaya"，该词源自梵语"bodha"（智慧）及"udaya"（上升），因此字面解释是"智慧的上升"。几年之后，某名经理人发电邮给我的朋友，索取他的简历，当我的朋友回复他自己没有简历时，对方回复："这简直太令人印象深刻了！"

出神的最明显特质也许就是打破了所有的界限，自我融入了所有的存在。现代社会比以前任何时候都更强调自我的至尊无上，以及个人的终极独立与责任。从小，我们就被教导要牢牢掌控我们的自我或个人角色，目的是尽可能地产生影响力。结果，我们失去了出神的艺术，并且事实上再也意识不到这种可能性，从而导致意识体验的贫乏及单调。诚然，出神会威胁到我们建立起来的生活，甚至会阻碍我们成为理想中的自己，但它也能够将我们从现代社会的狭隘和贫乏中解放出来，并且将我们带到，或重新带到更伟大、更光明的世界。正如法国小说家巴尔扎克（Balzac）所说的，人死于绝望，而灵魂死于出神。

后记

日本流传着一则关于僧人和武士的故事。有一天，一名僧人正前往另一座庙宇，在沿途经过一条小溪边上的阴暗小道时，他遇到了一个衣衫褴褛、满身伤痕的武士。"你怎么啦？"僧人问武士。"我们在运送主人的财宝途中，遭到一群强盗的袭击。于是我便卧地假死，结果，所有的同伴都战死了，只有我逃过一劫。当我躺在地上闭上双眼时，有个问题一直萦绕在我脑海中，告诉我，小和尚，天堂和地狱有什么区别？"僧人朝着武士劈头盖脸一顿臭骂："同伴都勇敢赴死了，你却假死苟且偷生！你真无耻！你本该抗争到死。看看你，简直令你的同僚、主人以及你的祖先蒙羞。你简直是在浪费粮食和空气，如今还妄想得到我来之不易的智慧！"

听到这里，武士怒火中烧，他猛地站起身，拔出宝剑，看上去身形好像增大了一倍！武士随即挥出宝剑掠过僧人的头顶，剑尖往下对准他。正当宝剑要刺中僧人时，僧人突然转变语气，沉着冷静地说："这就是地狱。"只听得"哐当"一声，武士把剑扔在地上。武士羞愧难当，伴随着一阵盔甲碰撞的声响，他双膝跪地，激动地说："谢谢您冒着生命危险，只为启发我这个素不相识的人。"他眼泪盈眶，恳切地说："如果可以的话，请您宽恕我适才的冒犯。""这就是……"僧人接着说，"天堂。"

读书笔记

读书笔记

读书笔记

读书笔记